Scientific-educational center
"MachineStructure"

ISSN 2307-342X

MODERN PROBLEMS OF
THEORY OF MACHINES

Sovremennye problemy teorii mašin

№ 4(1)

North Charleston, USA, 2016

UDC 621.01 : 531.8

Modern problems of theory of machines / SEC "MS". – North Charleston: CreateSpace, 2016. – №4(1). – 210 p.

ISSN 2307-342X

Themes of journal: 1) Basic researches in the field of mechanical engineering; 2) Science and education in the field of mechanical engineering; 3) Theory of mechanisms and machines; 4) Modern methodology of designing of machines and mechanisms; 5) Dynamics and strength of machines, devices and equipment; 6) Mechanics of deformable solid; 7) Innovative equipment and technologies in mechanical engineering. Materials can be useful for scientific and technical officers, post-graduate students and students machine-building a profile.

Full text of articles available on the website:
http://elibrary.ru/title_about.asp?id=40371

Journal "Modern problems of theory of machines" included in the following databases citation:
Science Index: http://elibrary.ru/title_about.asp?id=40371
Ulrich's International Periodicals Directory:
http://ulrichsweb.serialssolutions.com/
Index Copernicus:
http://journals.indexcopernicus.com/+++,p24781142,3.html
General Impact Factor:
http://generalimpactfactor.com/jdetails.php?jname=
Modern%20Problems%20of%20Theory%20of%20Machines
Institute of Organized Research (I2OR): http://www.i2or.com/indexed-journals.html

ISBN: 1530291437
ISBN-13: 978-1530291434

Министерство образования и науки Российской Федерации

Научно-образовательный центр «МашиноСтроение»

Сибирский государственный индустриальный университет

Новокузнецкий филиал-институт
Кемеровского государственного университета

Кыргызский государственный технический университет
им. И. Раззакова

Кузбасский научный центр Сибирского отделения
Международной Академии Наук Высшей школы

Институт промышленного проектирования угольных
предприятий

ISSN 2307-342X

СОВРЕМЕННЫЕ ПРОБЛЕМЫ ТЕОРИИ МАШИН

№ 4(1)

Норт-Чарлстон, 2016

УДК 621.01 : 531.8
ББК 34.41
   С56

С56   **Современные проблемы теории машин** / НОЦ
«МС». – Норт-Чарлстон: CreateSpace, 2016. – №4(1). – 210 с.

ISSN 2307-342X

Тематика журнала: 1) Фундаментальные исследования в области машиностроения; 2) Наука и образование в области машиностроения; 3) Теория механизмов и машин; 4) Современная методология проектирования машин и механизмов; 5) Динамика и прочность машин, приборов и аппаратуры; 6) Механика деформируемого твердого тела.

Материалы могут быть полезными для научных и инженерно-технических работников, докторантов, аспирантов и студентов машиностроительного профиля.

Полные тексты статей доступны на сайте http://elibrary.ru.

Журнал «Современные проблемы теории машин» включен в следующие базы данных цитирования: РИНЦ, Ulrich's International Periodicals Directory, Index Copernicus, General Impact Factor, Institute of Organized Research (I2OR).

ISBN: 1530291437
ISBN-13: 978-1530291434

CONTENTS

5

Modern methodology of designing of machines and mechanisms

Dynamics and strength of machines, devices and equipment

Mechanics of deformable solid

Innovative equipment and technologies in mechanical engineering

ФУНДАМЕНТАЛЬНЫЕ ИССЛЕДОВАНИЯ В ОБЛАСТИ МАШИНОСТРОЕНИЯ

BASIC RESEARCHES IN THE FIELD OF MECHANICAL ENGINEERING

УДК 621.01

АНАЛИЗ РЕЗУЛЬТАТОВ ОПТИМИЗАЦИИ ПАРАМЕТРОВ РАБОЧИХ ОРГАНОВ ЗЕМЛЕРОЙНЫХ МАШИН ДЛЯ РАЗРАБОТКИ МЕРЗЛЫХ ГРУНТОВ

Кузнецова В.Н.
Сибирская государственная автомобильно-дорожная академия, Омск

Ключевые слова: мерзлые грунты, эффективность, рабочие органы.
Аннотация. В статье приведены аналитические зависимости распределения напряжений по поверхности режущего инструмента, зависящих от физико-механических свойств мерзлого грунта, параметров рабочих органов землеройных машин.

В процессе разработки мерзлых грунтов происходит отделение грунта от массива и разрыхление до степени, обеспечивающей его дальнейшее транспортирование. Давление на рабочий орган при его переменной ширине определяется выражением [1]:

$$P = p_0 Q(y) P(x), \qquad (1)$$

где p_0 – величина нормального давления в средней верхней точке рабочего органа; $Q(y)$, $P(x)$ – функции, учитывающие изменение давления по ширине и длине рабочего органа соответственно.

$$P(x) = \left[1 + 2\,a_2 \cdot a_3 \cdot \left(\frac{X}{L} \right) \cdot e^{-a_3 \left(\frac{X}{L} \right)^2} \right], \qquad (2)$$

$$Q(y) = \frac{1 + a \left(\dfrac{Y}{l} \right)^2}{\left[1 + b \left(\dfrac{Y}{l} \right)^2 \right]^2}, \qquad (3)$$

где L, l – соответственно длина и полуширина рабочего органа; X, Y – абсолютные координаты произвольной точки поверхности рабочего органа; x, y – относительные координаты точек поверхности рабочего органа.

Нормальное сила, приходящаяся на лобовую поверхность рабочего органа, определяется выражением [1]:

$$N = \iint_S P \, dS = \iint_S p_0 \; P(X) Q(Y) d\,X \, d\,Y, \qquad (4)$$

где S – площадь лобовой поверхности.

Положим

$$\frac{Y}{Y(x)} = y, \qquad (5)$$

$$\frac{X}{L}=\frac{1}{2}(1+x). \qquad (6)$$

С учетом выражений (5), (6) интеграл (4) примет вид [109]:

$$N = p_0 \cdot \frac{L}{2} \cdot \iint Y(x) \cdot P(x) Q(y)\, dx\, dy = p_0 \cdot \frac{L}{2} \cdot \int\limits_{-1}^{1} Q(y)\, dy \int\limits_{-1}^{1} P(x)\, dx \cdot Y(x), \qquad (7)$$

где $\quad Q(y) = \dfrac{1+ay^2}{(1+by^2)^2} \qquad (8)$

$$P(x)=\left[1+2\,a_2\cdot a_3\cdot\frac{1}{2}(1+x)\cdot e^{-a_3\frac{1}{4}(1+x)^2}\right]=\left[1+a_2\cdot a_3\cdot(1+x)\cdot e^{-\frac{a_3}{4}(1+x)^2}\right]. \ (9)$$

В выражении (7) положим

$$Y(x)=\sum_{i=1}^{\infty} d_i\, P_i(x) = d_0\, P_0(x) + d_1\, P_1(x) + \ldots + d_\infty\, P_\infty(x), \qquad (10)$$

где d_i – неизвестный постоянный коэффициент, подлежащий определению;
$P_i(x)$ – полиномы Лежандра, вычисляемые из выражения [2]

$$P_i(x)=\frac{1}{i!2^i}\left[\left(x^2-1\right)^i\right]^{(i)}, \qquad (11)$$

где *(i)* – производная *i*-го порядка.

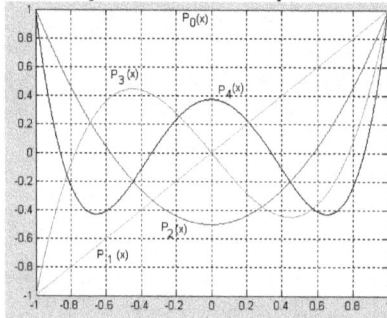

Рис. 1 – Графики функции

$$P_i(x)=\frac{1}{i!2^i}\left[\left(x^2-1\right)^i\right]^{(i)}$$

В частности, имеем

$$P_0(x)=l, \qquad (12\ а)$$
$$P_1(x)=x, \qquad (12\ б)$$
$$P_2(x)=\frac{1}{2}\left(3x^2-1\right), \quad (12\ в)$$
$$P_3(x)=\frac{1}{2}\left(5x^2-3x\right), \ (12\ г)$$
$$P_4(x)=\frac{1}{8}\left(35x^4-30x^2+3\right) (12\ д)$$

Графики функций (12 а) – (12 д) представлены на рисунке 1.

Площадь рабочего органа землеройной машины переменной ширины с учетом выражения (10) составляет:

$$S = L\int\limits_{1}^{1}\sum_{i=1}^{\infty} d_i\, P_i(x)\, dx = 2L d_0. \qquad (13)$$

В преобразованиях последнего выражения (13) использовано свойство ортогональности полиномов Лежандра, справедливое при $i \neq j$:

$$\int_{-1}^{1} P_i(x) P_j(x) dx = 0.$$ (14)

Таким образом, ряд (10) определяет различные формы продольной лобовой поверхности рабочего органа (семейство геометрических фигур), имеющие одинаковые площади сечения [2]. Очевидно, что значение ряда (10), определяющего закон изменения поперечного профиля рабочего органа, не должно быть, по крайней мере, отрицательным в диапазоне изменения переменной x. То есть при $-1 \leq x \leq 1$.

Естественно предположить, что ширина режущей кромки рабочего органа не должна быть менее установленной величины, то есть

$$\sum_{i=0}^{4} d_i P_i(1) = \sum_{i=1}^{4} d_i \geq l.$$ (15)

Задача поиска оптимального поперечного профиля рабочего органа сводится к задаче линейного программирования, при решении которой находятся коэффициенты разложения d_i по полиномам Лежандра [2].

Список литературы
1. Завьялов А.М. Основы теории взаимодействия рабочих органов дорожно-строительных машин со средой: Дис... д-ра техн. наук. – Омск, 1999. – 252 с.
2. Кузнецова В.Н. Развитие научных основ взаимодействия контактной поверхности рабочих органов землеройных машин с мерзлыми грунтами: Дис... д-ра техн. наук. – Омск, - 2009. – 256 с.

ANALYSIS OF OPTIMIZATION RESULTS PARAMETRES OF WORKING CUTTING TOOL EARTHMOVING EQUIPMENT FOR FROZEN GROUNDS EXCAVATION

Kuznetsova V.N.

Keywords: frozen ground, the efficiency of the working bodies.
Abstract. The article describes the results of solving the urgent problem of optimizing the surface of the working bodies of earth-moving machinery, intended to break the frozen ground. The analytical dependence of the stress distribution on the surface of the cutting tool, depending on the physical and mechanical properties of the grounds, the parameters of the working cutting tool.

References
1. Zavyalov A.M. Fundamentals of the theory of interaction of working bodies of the road-building machines with the environment: Dis ... Dr. tehn. Sciences. – Omsk, 1999. – 252 p.
2. Kuznetsova V.N. Development of scientific bases of interaction of the contact surface of the working cutting tool of earthmoving equipment with frozen grounds: Dis ... Dr. tehn. Sciences. – Omsk, 2009. – 256 p.

УДК 621.951.45

ОСОБЕННОСТИ ПЛАНИРОВАНИЯ ЭКСПЕРИМЕНТА В ИССЛЕДОВАНИЯХ СТОЙКОСТИ РЕЖУЩИХ ИНСТРУМЕНТОВ

Рагрин Н.А.

Кыргызско-Российский славянский университет, Бишкек, Кыргызстан

Ключевые слова: стойкость, планирование, эсперимент, фактор, инструмент.

Аннотация. Приведен анализ планирования эксперимента в исследованиях стойкости режущих инструментов.

В лабораторных условиях получают эмпирические зависимости стойкости режущих инструментов от основных факторов процесса резания. Для этого проводят однофакторноые эксперименты, когда определяется влияние одного фактора при строгой фиксации остальных. Как правило, такие исследования связаны с большой трудоемкостью и материалоемкостью. Например, при исследовании влияния параметров режима резания на стойкость инструментов минимальное количество экспериментальных точек на кривой зависимости стойкости от одного параметра равно семи. При этом для подтведжения адекватности эксперимента в каждой точке необходимо трехкратное его повторение. А так как параметров режима резания три (скорость резания, подача и глубина резания [1]), общее количество экспериментов утраивается. Поэтому проблема снижения трудоемкости и материалоемкости таких исследований достаточно актуальна.

Одним из путей снижения трудоемкости и материалоемкости исследований стойкости может быть планирование эксперимента.

Целью работы является исследование возможности снижения трудоемкости и материалоемкости планированием эксперимента.

Планирование эксперимента дает возможность в каждом опыте одновременно варьировать несколькими независимыми переменными (факторами) на нескольких уровнях по специальному плану.

На математическом языке задача планирования эксперимента формируется следующим образом: нужно выбрать оптимальное расположение точек в факторном пространстве, чтобы получить некоторое представление о поверхности отклика [2].

Важным этапом планирования является выбор области, в которой необходимо начинать эксперимент. Для этого необходимо иметь априорную информацию – результат анализа проблемы из научно-технических источников. Например, в определенных диапазонах скоростей резания, подач и глубин резания известны зависимости стойкости инструмента отдельно от каждого из них, в свое время полученные при проведении однофакторных экспериментов и позволяющие определить характер их влияния на стойкость. В этом случае результатом планирования эксперимента будет математическая модель в рамках этих диапазонов. Но такую модель можно получит без проведения дополнительных экспериментов.

Проблема стойкости режущего инструмента актуальна именно при отсутствии априорной информации [3]. В этом случае для выбора экспериментальной области факторного пространства необходимо предварительно провести однофакторные эксперименты в количестве, равном количеству факторов, что связано с показанными выше трудоемкостью и материалоемкостью.

Выводы

Планирование эксперимента при решении актуальной проблемы стойкости режущих инструментов не исключает однофакторных экспериментов и не снижает трудоемкости и материалоемкости.

Список литературы

1. Рагрин Н.А. Обработка материалов и инструменты: Учебник для вузов / КГТУ им. И. Раззакова. – Бишкек: Текник, 2012. – 156 с.
2. Боярский М.В., Анисимов. Э.А. Планирование и организация эксперимента: Учебное пособие. – Йошкар-Ола: Марийский государственный технический университет, 2007. – 144 с.
3. Рагрин Н.А. Исследование экстремума стойкостной зависимости при сверлении отверстий быстрорежущими спиральными сверлами: Монография / КГТУ им. И. Раззакова. – Бишкек: Текник, 2013. – 90 с.

FEATURES OF PLANNING OF EXPERIMENT IN RESEARCHES OF FIRMNESS OF THE CUTTING TOOLS
Ragrin N A.

Keywords: firmness, planning, esperiment, factor, tool.
Abstract. The analysis of planning of experiment is provided in researches of firmness of the cutting tools.

Referencess
1. Ragrin N.A. Processing of materials and tools: The textbook for higher education institutions / KGTU of I. Razzakov. – Bishkek: Teknik, 2012. – 156 p.
2. Seigniorial M.V., Anisimov. E.A. Planning and organization of experiment: Manual. – Joshkar-Ola: Mari state technical university, 2007. – 144 p.
3. Ragrin N.A. Research of an extremum of stoykostny dependence when drilling openings fast-cutting spiral drills: Monograph / KGTU of I. Razzakov. – Bishkek: Teknik, 2013. – 90 p.

Modern problems of theory of machines. – North Charleston: CreateSpace, 2016. – №4(1)
УДК 62-133.2+669

ОСОБЕННОСТИ МАТЕМАТИЧЕСКОГО МОДЕЛИРОВАНИЯ МЕХАНИЧЕСКИХ ПРОЦЕССОВ МЕТАЛЛУРГИЧЕСКИХ МАШИН

Левченко Э.П., Вишневский Д.А., Власенко Д.А., Мороз В.В., Павлиненко О.И.

Донбасский государственный технический университет, Алчевск

Ключевые слова: математическая модель, металлургические машины, механические процессы, оптимизация, точность адекватность.

Аннотация. Рассмотрены особенности математического моделирования процессов, происходящих в металлургических машинах, обосновано применение для их исследований центрального композиционного ротатабельного униформ планирования второго порядка, обладающего повышенной точностью результатов.

Подавляющее большинство процессов, протекающих в машинах на металлургической отрасли, протекает в сложнейших производственных условиях, характеризуемых высокими температурами, повышенной запыленностью и загазованностью, что в значительной мере препятствует проведению обычных классических исследований. Непрерывные условия производства также накладывают свои трудности на изменения параметров протекающих процессов с целью изучения их влияния на исследуемые параметры. В связи с этим некоторое упрощение в данной области дает применение методов теории многофакторного планирования эксперимента, применительно к аналитическим зависимостям, полученных в результате математического анализа протекаемых в металлургическом оборудовании процессов, что дает возможность предварительной настройки параметров машин на наилучшие показатели качества их работы.

При этом низкая эффективность внедрения новых машин и технологий вызвана практическим отсутствием мотивации потенциальных потребителей из-за перестраховки возникновения факторов случайностей, неизбежно присутствующих в промышленном производстве, что обусловлено новыми условиями применения технологий, в том числе возможными сбоями оборудования, наличием брака, качеством и др. причинами [1].

Математическое моделирование является одним из способов обоснования выбора параметров, обеспечивающих значительную экономию ресурсов, снижение энергозатрат, повышения производительности, экономии ресурсов и др.

Решение математических уравнений наиболее рационально проводить согласно плану центрального композиционного ротатабельного униформ-планирования второго порядка, характеризуемого наиболее высокой равномерностью распределения информации по сферам факторного пространства [2], что обеспечивает наивысшую точность проведения таких исследований.

При этом общее число точек эксперимента задается по формуле:

$$N = 2^k + 2k + k_0,$$ (1)

где k – число факторов; 2^k – полный факторный эксперимент (ядро плана); $2k$ – звездные точки (величина звездного плеча $\alpha=2^{n/4}$; k_0 – опыты в центре эксперимента.

Общий вид математической модели второго порядка имеет вид [2]:

$$y = b_0 + \sum^n b_i x_i + \sum^n b_{ij} x_j + \sum^n b_{ii} x^2,$$ (2)

где y – функция отклика (расчетное значение критерия оптимизации); b_0, b_i, b_{ij}, b_{ii} – коэффициенты регрессии; x_i и x_j – факторы.

В данном случае проверку адекватности аппроксимирующего полинома невозможно выполнить по традиционному критерию Фишера, в связи с отсутствием ошибки при повторном техническом расчете, тогда степень рассеивания можно оценить коэффициентом вариаций [3]:

$$\rho = \frac{1}{E_{cp}} \sqrt{\frac{\sum\limits_{j=1} \left(E_j - \bar{E}_j\right)^2}{N - \lambda}},$$ (4)

где E_{cp} – среднее значение критерия оптимизации; N – число опытов; λ – коэффициент регрессии.

Адекватной полиноминальная модель считается при условии:

$$\rho < \lambda,$$ (5)

где α – уровень значимости (обычно принимается 0,05).

Таким образом, рассмотренный подход к математическому моделированию механических процессов в металлургическом оборудовании позволяет выполнить по итоговым результатам оптимизацию объекта исследования, а при наличии двух и более критериев оптимизации осуществить решение компромиссной задачи. Это позволяет разработать рекомендации для проектирования прогрессивных схем различного металлургического оборудования, одновременно повысив его главные критерии работоспособности.

Рутинная обработка результатов эксперимента компенсируются его высокой точностью за счет того, что в ротатабельном плане получаемая информация о поверхности отклика является одинаковой для всех направлений в равноудаленных точках от центра эксперимента [2]. Так как ротатабельный план инвариантен к ортогональному вращению координат то позволяет получить равномерно "размазанную" информацию по сферам, когда дисперсия критерия оптимизации постоянна для всех равноудаленных от центра эксперимента точек. Так как вид поверхности отклика неизвестен, особенно важно получить симметричные информационные контуры-кривые или поверхности равной информации, когда информация равномерно "размазана" по сферам или в n – мерном случае по гиперсферам. Для более полного описания поверхности отклика полиномами второй степени "ядро" плана достраивается звездными точками, на расстоянии звездного плеча от центра эксперимента, такие планы называют композиционными или. Для оценки кривизны поверхности отклика добавляются параллельные точки в центре эксперимента, что делает план центральным и симметричным относительно центра. Если число факторов $n \leq 5$ рекомендуется применять полный факторный эксперимент. При ротатабельном планировании выбор числа нулевых точек оказывается несколько неопределенным, так как изменение их числа не оказывает влияния на ротатабельность плана. Поэтому они необходимы для оценки ошибок эксперимента и проверки адекватности модели второго порядка [2].

Список литературы
1. Козелков О.А. Модели оценивания характеристик машиностроительного производства в условиях технологических инноваций // Современные проблемы теории машин. – 2014. – №2. – С. 50-52.
2. Мельников С.В., Алешкин В.Р., Рощин П.М. Планирование эксперимента в исследованиях сельскохозяйственных процессов. – М.: Колос, 1972. – 200 с.

FEATURES OF MATHEMATICAL MODELLING OF MECHANICAL PROCESSES OF METALLURGICAL MACHINES

Levchenko E.P., Vishnevsky D.A., Vlasenko D.A., Moroz B.B., Pavlinenko O.I.

Keywords: mathematical model, metallurgical machines, mechanical processes, optimization, accuracy adequacy.

Abstract. Features of mathematical modeling of the processes happening in metallurgical cars are considered, application for their researches of the central composite rotatabelny of uniforms of planning of the second order possessing the increased accuracy of results is proved.

References
1. Kozelkov O.A. Models of estimation of characteristics of machine-building production in the conditions of technological innovations. // Modern problems of the theory of machines. – 2014. – №2. – P. 50-52.
2. Melnichov C.B., Aleshkin B.P., Roshchin P.M. Planning of experiment in researches of agricultural processes. – M.: Ear, 1972. – 200 p.

UDC 627.74

ANALYSIS OF THE SOIL CUTTING PROCESS FOR THE INTENSITY OF TREATMENT

Kuanysh Turusbekov, Yerkingali Tileugali, Yermek Abilmazhinov, Bolat Manezhanov
Shakarim state university of Semey, Kazakhstan Republic

Keywords: blade, cutting soil, earthmoving machines, soil
Abstract. The article describes the energy intensity of the soil digging process and the nature of changes in the values that make up the cutting forces acting on the actuator, which are necessary for effective interaction with soil. The main goal of the research on the process of soil cutting is to find ways for the least energy-intensive and most productive separation of soil from the array. We took into account the interaction schemes of actuators with soil, as it is important both in the analysis of existing earth-moving machines operation and in the creation of new machines.

The executive devices of the earthmoving machines in the process of the interaction with the soil experience random loads changing over the time. Depending on the type of the executive device, soil and other conditions the processes of the random loads changes are different. So the classification of both processes and the executive devices of the earthmoving machines are important.

The experimental investigations [1] of eight blades of the different shapes of such kind of profile with the same length have led to a number of conclusions. The optimal profile of the blade corresponds to the different values of cutting depth. The capsize angle and the inclination angle affect the process of the formation and movement of the chip on the blade surface. The curve of the blade surface, the length of the lower straight part of the blade surface, the curve change by the height and the cutting angle affect the process of digging. For the bulldozer of the general purpose in the medium soil conditions the recommended basic variables of the profile of straight blade group are the cutting angle of $\alpha_d=35^0$, the capsize angle of 70^0-75^0, the inclination angle of 75^0, the installation angle of the blade visor of 90^0-100^0, the curve radius of the blade surface at the lower straight part of the blade surface – 0,8 of its height, the upper – 1.1.

The significant impact of the cutting angle on the process of the digging, its energy consumption, the necessary vertical pressure on the cutting edge of the blade in the process of the penetration into the soil were experimentally established. It is suggested that the change of the cutting angles in the process of digging provides more efficient operation of the blade. The inclination angle of the resultant resistance forces to the soil digging changes on the compacted soil from 15^0 to 21^0 below the horizon, on the loosened one - from 0 to 6^0 above and below the horizon. The most convenient variable for the adjusting of the inclination angle of the resultant resistance to the digging is the cutting angle.

The formula (1) for the determination of the horizontal component of the digging resistance of a flat moldboard blade was proposed as a specified rate:

$$P = (1 + \text{ctg}\alpha\rho \cdot \text{tg}\delta) ABh \left[\frac{\gamma h}{2} + C\omega\text{ctg}\rho \left(1 - \frac{1}{A}\right) + \text{tg}\rho \frac{\gamma\rho\cos^2 \rho H^2}{K\psi h} + \gamma\rho H \right] + \gamma\rho\cos^2 \rho \frac{BH^2}{2}$$

where: B – a length of the blade; h – a depth of the cut; γ – a bulk density of the soil with the broken structure; ρ – a bulk density of the soil without the broken structure; H – a height of the drawing prism which is equal to the height of the blade; F_ω – the soil traction with the broken structure; K_ψ – a factor depending on the shift angle ψ and the cutting angle determined analytically.

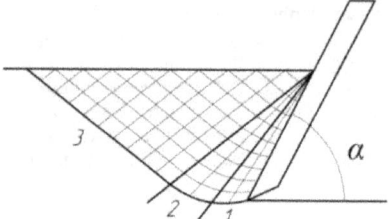

Fig. 1 – The grid lines of the sliding surfaces

As a result of the research the distribution in the soil of the sliding surfaces was identified (Fig. 1). The decision was very difficult. The sliding surfaces can destruct the soil. The problem is solved only by numerical methods with consideration for the weight of the soil. The line grid of the sliding surfaces has tensity for all main points including points lying on the surface of the construction site immersed into the ground. It means the known diagram of the earth pressures on the wall of the construction site by which you can determine the force of the earth pressure.

According to the above-mentioned investigations during the digging chip separated from the solid mass moves up along the executive device or inside it in the form of a monolithic body. Emerging the resistance forces to the chip movement have an indirect impact on the total resistance due to the increased resistance forces to the separation of the soil from the soil mass under kentledge p_o or $p(y)$. The effect of the kentledge extends on the surface in front of the moldboard blade at a distance

$$a = h(tg\,\alpha + tg\,\psi)/(tg\,\alpha tg\,\psi),$$

where the shift angle $\psi = \pi/4 - \varphi_2/2$ is assumed as a constant.

The consideration of the process of the soil digging has allowed [1] to reveal that when earthmoving machines work the soil destruction occurs both due to the shear strain and due to the separation. The type of the destruction is determined primarily by the size of the cutting angle. The transition from one type of cutting to another is characterized by a critical cutting angle. The value of the critical cutting angle decreases when the angles of the internal and external friction increase and when the kentledge increases. Its value rises when the soil cohesion and traction increase.

References
1. Balovnev V.Y., Glagolev S.N., Danilov R.G., Kustarev G.N., Shestopalov К.К., Gerasimov M.D. Mashiny dlya zemlyanih rabot: конstrukcya, raschet, potrebitelckie svoistva.-Belgorod: Izd-vo BGTU, 2011.-401 s.

АНАЛИЗ ПРОЦЕССА РЕЗАНИЯ ГРУНТА ДЛЯ ЭНЕРГОЁМКОСТИ ОБРАБОТКИ ПОЧВЫ

Куаныш Турусбеков, Ермек Абильмажинов, Тилеугали Еркингали, Болат Манежанов

Ключевые слова: отвал, резание, землеройные машины, грунт.

Аннотация. В статье описана энергоемкость процесса копания грунта и характера изменения величин, составляющих усилия резания, действующих на рабочий орган, которые необходимы для эффективного взаимодействия с грунтом. Главная цель изучения процесса резания грунтов — отыскать способы наименее энергоёмкого и наиболее производительного отделения грунтов от массива. Учтены схемы взаимодействия рабочих органов с грунтом, так как оно важно как при анализе работы существующих землеройных машин, так и при создании новых.

Список литературы
1. Баловнев В.И., Глаголев С.Н., Данилов Р.Г., Кустарев Г.Н., Шестопалов К.К., Герасимов М.Д. Машины для земляных работ: конструкция, расчет, потребительские свойства.-Белгород: Изд-во БГТУ, 2011.-401 с.

УДК 621:658.512.011.56:004.42

PARAMETRIC MODELS CALCULATION ALGORITHMS AND THEIR APPLICATION IN THE KINEMATIC ANALYSIS

Koporushkin P.A.
Ural Federal University, Ekaterinburg

Keywords: parametric model, parametric constraint, geometrical object, three-dimensional assembly, kinematic analysis, geometric constraint solving.
Abstract. The article is devoted to parametric objects calculation algorithms, their application in three-dimensional assemblies simulation problems and the kinematic analysis.

Parametric modelling is the universal concept of modern CAD. It's applicable in two CAD areas – 2D-sketches and 3D-assemblies.

The main advantage of parametric CAD systems is simplicity of making changes to the project without the need of time costing processing of certain parts and assemblies, the possibility of further independent modifications of any elements.

The Parametric model is a set of geometric primitives, parametric constraints and operations applied to these primitives. The Parametric constraint is the link between geometric objects, which sets their relative position or algebraic relation between the model parameters. Types of constraints can be: logical (parallel, perpendicular, incidence, etc.), metric (distance, angle, radius, etc.) and algebraic (parameters relations – dimensions, transmission ratio, etc.).

Depending on applied parametric restrictions, the model can be well-constrained and badly constrained. Underconstrained parametric model can't be calculated. CAD system complements such model automatically. Over constrained parametric model contains excessive constraints. The CAD system identifies the excessive constraints and helps the user to remove them.

The simplest representation of constraint set is a large system of algebraic equations bounding geometric objects parameters. Bare use of numerical solvers doesn't allow to check the solvability. Dividing the general problem into subproblems allows to solve this task. There are two main subtasks determination methods:

1. DM-decomposition (Dulmage-Mendelsohn decomposition). The division into subtasks by means of the natural bipartite graph associated with systems of equations, an attempt to find in a system of equations some individual subsystems, which can be solved independently in a certain sequence.

2. Hoffmann method decomposition is based on rigid body degree of freedom analysis. A recursive sequence of dividing into separate, simpler subtasks becomes a result. The calculation process resembles crystallization or rigidification, the process yields a single solid object.

Regardless of the method, algebraic equations systems are to be solved at some phase. The parameterization module needs to develop an efficient plan of decomposition to minimize direct algebraic solver usage. Methods differ in a way of forming such a sequence and sequence´s representation. DM-decomposition comes from the equations system structural properties and does not take into consideration their geometrical meaning. Hoffman Method conducts rigid body degree of freedom analysis, i.e. takes into consideration the geometric properties of constraint only.

Algebraic equatiëon systems solution give the major contribution into the parametric models calculation costs, they are directly proportional to the size of the basic solvable subproblems. The Newton-Raphson Method is usually used for the initial approximation. The Gradient Method is used for the exact solution.

The Parametric modelling usage allows not only to automate the geometric models calculation, but also simulate the assembly, check operation, calculate speed and power characteristics of individual parts.

In animation, the assembly is considered as a rigid body with additional degrees of freedom. A gearbox in Figure 1, has 6 degrees of freedom (DOF) with additional angular position of the shaft E.

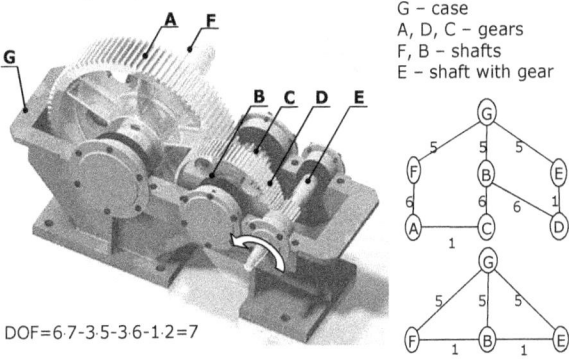

G – case
A, D, C – gears
F, B – shafts
E – shaft with gear

DOF=6·7-3·5-3·6-1·2=7

Fig. 1 – Assembly and corresponding assembly objects graph

The remaining gears rotational angles are bounded by algebraic constraints that specify the transmission ratio between them. The assembly simulation comes to consecutive varying of the additional parameter, solving the assembly constraints equations.

Kinematic analysis studies the main principles of mechanism parameters changes:

1. Determination of the parts kinematic characteristics: displacement; velocity; acceleration; trajectory; the position function under known rules of the input gears behavior.

2. Estimation of the kinematic conditions of the working (output) parts.

3. The force, dynamic, energy and other calculations of the mechanism with the use of additional parameters – mass, density, heat capacity, etc.

A parametric model of a mechanism consists of two parts (Figure 2):

1. abstract or ideal models – the kinematic scheme (Figure 2a). Abstract primitives, restricted by relevant kinematic constraint, are used.

2. parts, derived from their basic primitives (Figure 2b).

The primary parts motion rules (or motion parameters, e.g., angular velocity and acceleration of the input parts) are the kinematic analysis input data.

For mechanisms corresponding to L.V.Assur´s classification, kinematic analysis order is defined by the formula of the structure: the first step is to find the primary mechanisms movement parameters, and then the structural groups parameters in order they occur. Any element´s structure formula can be analyzed only after studying the preceding elements. According to L. V. Assur, a simple chain is the chain without closed variable contours.

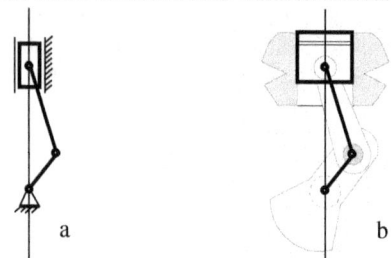

a   b

Fig. 2 – Abstract and full piston parametric model

Later I.I. Artobolevsky developed the concept of classes on the circuit, inside which movable variable closed contours occur. For lever circuits variable quadrilateral or rectangular contour are simplest ones, see Figure 3.

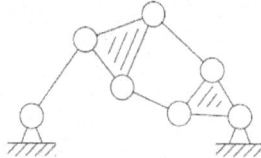

Fug. 3 – Flat mechanism with a quadrangular closed variable contour

Calculation algorithms described above can be used to calculate the kinematic analysis parameters. According to I.I.Artobolevsky, during calculation the first class mechanisms, decomposition allows to reduce the problem to a simple equation solution sequence due to absence of variable contours. Higher-class problems decomposition produces the equations system proportional to the size of a variable contour.

Thus, through expanding the constraints set, the features such as assemblies simulation and kinematic analysis can be embedded in any parametric CAD.

Key features of the parameterization module are:
- hybrid approach, combining geometric and algebraic constraints;
- efficient decomposition with high-performance equations systems solver;
- work with underconstrained and over constrained models;

- extensible set of parametric constraints and parameters.

References
1. Hoffmann C.M., Vermeer P.J. Geometric constraint solving in R and R3. Computing in Euclidian Geometry. World Scientific Publishing, 1994. Second Edition.
2. Ait-Aoudia S., Jegou R., Michelucci D. Reduction of constraint systems. Compugraphics, p. 83-92, 1993.
3. Hoffmann C., Lomonosov A., Sitharam M. Finding solvable subsets of constraint graphs. Principles and Practice of Constraint Programming, p 463-477. Springer LNCS 1330, 1997.
4. Artobolevskij I.I. Teoriya mexanizmov i mashin. M.: Nauka. 2001 – 640 s.
5. Dvornikov L.T. Osnovy vseobshhej (universal'noj) klassifikacii mexanizmov // Teoriya Mexanizmov i Mashin. 2011. №2. Tom 9.
6. Freixas M., Joan-arinyo R., Soto A., Vila S. Dynamic Geometry Based on Geometric Constraints.

АЛГОРИТМЫ РАСЧЕТА ПАРАМЕТРИЧЕСКИХ МОДЕЛЕЙ И ИХ ПРИМЕНЕНИЕ В КИНЕМАТИЧЕСКОМ АНАЛИЗЕ
Копорушкин П.А.

Ключевые слова: параметрическая модель, параметрическое ограничение, геометрический объект, трехмерная сборка, кинематический анализ, решение геометрических ограничений.

Аннотация. Статья посвящена обзору алгоритмов расчета параметрических объектов, их применению в задачах анимации трехмерных сборок и кинематического анализа.

Список литературы
1. Hoffmann C.M., Vermeer P.J. Geometric constraint solving in R and R3. Computing in Euclidian Geometry. World Scientific Publishing, 1994. Second Edition.
2. Ait-Aoudia S., Jegou R., Michelucci D. Reduction of constraint systems. Compugraphics, p. 83-92, 1993.
3. Hoffmann C., Lomonosov A., Sitharam M. Finding solvable subsets of constraint graphs. Principles and Practice of Constraint Programming, p 463-477. Springer LNCS 1330, 1997.
4. Артоболевский И.И. Теория механизмов и машин. М.: Наука. 2001 – 640 с.
5. Дворников Л.Т. Основы всеобщей (универсальной) классификации механизмов // Теория Механизмов и Машин. 2011. №18. Т. 9. С. 18-29.
6. Freixas M., Joan-arinyo R., Soto A., Vila S. Dynamic Geometry Based on Geometric Constraints.

Modern problems of theory of machines. – North Charleston: CreateSpace, 2016. – №4(1)
УДК 621:658.512.011.56:004.42

ПРИМЕНЕНИЕ DM-ДЕКОМПОЗИЦИИ ПРИ РАСЧЕТЕ ПАРАМЕТРИЧЕСКИХ МОДЕЛЕЙ ОБЪЕКТОВ

Копорушкин П.А.
Уральский федеральный государственный университет, Екатеринбург

Ключевые слова: параметрическая модель, DM-декомпозиция.
Аннотация. В статье рассматривается применение DM-декомпозиции при расчете параметрических объектов, ограничения и усовершенствования данного подхода.

Параметризация – это универсальная концепция, формирующая облик современных CAD-систем. Параметрическая модель представляет собой совокупность геометрических примитивов, параметрических ограничений и операций, наложенных на эти примитивы. Наиболее простым способом является представление набора ограничений в виде системы алгебраических уравнений. Использование только численных решателей не позволяет проверить полноту наложенных ограничений.

Деление исходной задачи на подзадачи позволяет решить эту проблему. Существует два основных способа выделения подзадач:

1. DM-декомпозиция (англ. Dulmage – Mendelsohn decomposition), попытка выделить в системе уравнений отдельные подсистемы, которые можно было бы решать независимо в некоторой последовательности.

2. Декомпозиция методом Хоффмана на основе анализа числа свобод твердого тела. Результатом является рекурсивная последовательность деления на отдельные, более простые подзадачи.

DM-декомпозиция исходит из структурных свойств системы уравнений и не учитывает их геометрического смысла. Метод Хоффмана проводит анализ степеней свободы жестких тел, т.е. учитывает только геометрические свойства наложенных ограничений.

DM-декомпозиция – это более универсальный подход, охватывающим широкий класс задач. Однако метод Хоффмана строит более эффективную декомпозицию для типовых геометрических задач.

Часто при расчете параметрических моделей возникает необходимость решения системы уравнений, а также проверка ее на полноту. Рассматриваемый метод может использоваться для решения систем уравнений, полученных произвольным способом. Например, такая система уравнений может соответствовать системе геометрических и инженерных ограничений. Модифицированный метод DM-декомпозиции, в отличие от оригинального метода, позволяет эффективно работать с плохо определенными моделями, независимо от вида ограничений.

Для DM-декомпозиции используются двудольные графы. Одна доля соответствует уравнениям, другая – параметрам. Ребро между уравнением *y* и параметром *x* есть в том случае, если *x* используется в *y*.

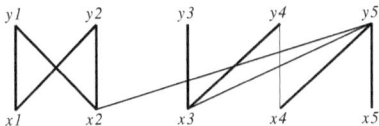

Рис. 1 – Пример декомпозиции двудольного графа

Такого двудольного графа достаточно для того, чтобы поделить исходную систему на три части: хорошо определенную, недоопределенную и переопределенную подсистемы. Эта декомпозиция всегда существует и является уникальной. DM-декомпозиция работает только с невзвешенными графами, т.е. веса всех ребер равны единице.

На рис. 1 множество вершин *{y1,y2,x1,x2}* образуют хорошо определенную подсистему уравнений. Множество *{y3,y4,x3}* соответствует переопределенной подсистеме, а *{y5,x4,x5}* – недоопределенной подсистеме.

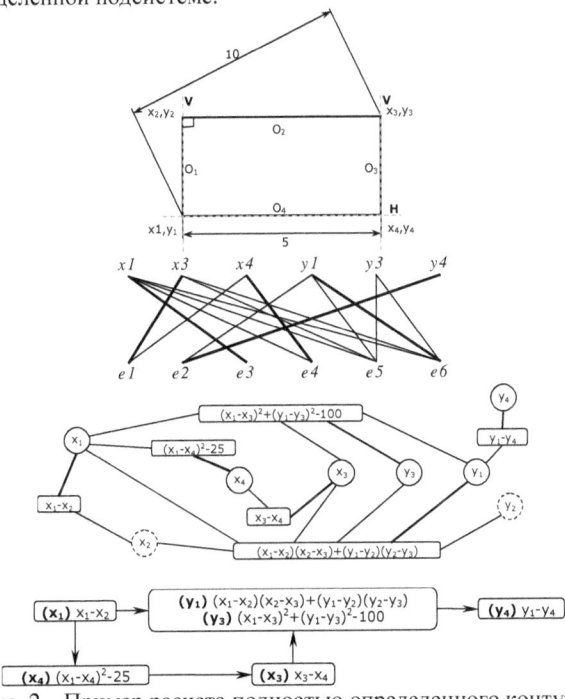

Рис. 2 – Пример расчета полностью определенного контура

Граф пересчета, изображенный на рис 2, получается "стягиванием" ребер максимального паросочетания двудольного графа.

Оставшиеся ребра заменяются ориентированными ребрами, идущими от параметра к связи. Они отображают последовательность, в которой нужно подставлять параметры. Компоненты сильной связности и являются подсистемами, на которые можно декомпозировать систему.

Проблемой данного метода является трудность расчета плохо определенных моделей. Модификация DM-декомпозиции, выполненная автором, заключается в автоматическом дополнении модели системными ограничениями с низким приоритетом. Предлагается доопределить модель для получения конечного множества решений. Это возможно только в том случае, если в систему алгебраических уравнений, полученную после трансляции параметрических ограничений, добавить набор уравнений, не противоречащий набору, заданному пользователем.

Данная задача решена следующим образом:
- создать набор всевозможных системных связей и дополнить граф (например, фиксация угла наклона прямой, инцидентности, размеров);
- назначить каждой связи вес. Причем вес любой пользовательской связи должен быть больше суммарного веса всех системных;
- построить максимальное паросочетание с максимальным суммарным весом, сочетающее возможные пользовательские и системные ограничения. Вся система будет полностью определена.

Модернизированная математическая модель декомпозиции системы позволяет одновременно работать с недоопределенными и переопределенными моделями. В теории графов существует точный алгоритм решения этой задачи со сложностью $O(n^3)$.

Список литературы
1. Hoffmann C.M., Vermeer P.J. Geometric constraint solving in R and R3. Computing in Euclidian Geometry. World Scientific Publishing, 1994. Second Edition.
2. Ait-Aoudia S., Jegou R., Michelucci D. Reduction of constraint systerns. Compugraphics, p. 83-92, 1993.
3. Асанов М.О., Барановский В.А., Расин В.В. Дискретная математика: графы, матроиды, алгоритмы. Ижевск: НИЦ "РХД", 2001, 288 с.

APPLICATION OF THE DM-DECOMPOSITION IN PARAMETRIC MODEL COMPUTATION
Koporushkin P.A.

Keywords: parametric model, parametric constraint, geometrical object, Dulmage – Mendelsohn decomposition, geometric constraint solving.
Abstract. The article discusses an application of the Dulmage – Mendelsohn decomposition algorithm in the parametric objects computation, constraints, and enhancements of this approach.

References
1. Hoffmann S.M., Vermeer P.J. Geometric constraint solving in R and R3. Computing in Euclidian Geometry. World Scientific Publishing, 1994. Second Edition.
2. Ait-Aoudia S., Jegou R., Michelucci D. Reduction of constraint systerns. Compugraphics, p. 83-92, 1993.
3. Asanov M.O., Baranovskij V.A., Rasin V.V. Diskretnaya matematika: grafy, matroidy, algoritmy. Izhevsk: NIC "RXD", 2001, 288 p.

УДК 621.01

ОПТИМИЗАЦИЯ ЦИКЛОВ ВНУТРЕННЕГО ШЛИФОВАНИЯ МЕТОДОМ ДИНАМИЧЕСКОГО ПРОГРАММИРОВАНИЯ В ТРЕХМЕРНОМ ПРОСТРАНСТВЕ ТЕХНОЛОГИЧЕСКИХ ОГРАНИЧЕНИЙ И НЕСКОЛЬКИХ УПРАВЛЯЮЩИХ ПАРАМЕТРОВ

Переверзев П.П.[1,2], Акинцева А.В.[1], Власов И.С.[2]

[1]*Южно-Уральский государственный университет, Челябинск*
[2]*Филиал финансового университета при правительстве РФ, Челябинск*

Ключевые слова: внутреннее шлифование, оптимизация процессов обработки, метод динамического программирования, цикл, режимы резания

Аннотация. В данной статье рассмотрена методика проектирования оптимальных циклов внутришлифовальной обработки в многомерном пространстве управляющих параметров. Данная методика основывается на пошаговом моделировании съема металла по заданным параметрам обработки с учетом упругих деформаций и особенностей кинематики резания. В качестве математического метода оптимизации использовался метод динамического программирования, позволяющий учитывать любое количество технологических ограничений и оптимизируемых параметров управления.

Шлифование является сложным процессом, зависящим от целого ряда обстоятельств и в том числе от режимов обработки, структуры цикла, свойств шлифовального круга и др. Поэтому выбор оптимальных параметров и условий шлифования, при которых достигаются заданные требования чертежа по точности и качеству за минимальное время, представляет собой достаточно сложную задачу. На производстве с данной задачей справляются с помощью ручного подбора режимов обработки. Данный метод является убыточным в условиях современного автоматизированного производства. Так как подобранные режимы резания занижены до безопасного уровня, при котором гарантированно выполняются требования чертежа. В результате возможности современных станков по производительности используются всего лишь на 40-60%. Все вышеперечисленное в полной мере относится к внутреннему шлифованию, имеющему большое распространение в машиностроительной области (более 27% от общего объема шлифовальных операций).

Для решения проблемы разработана методика проектирования оптимальных циклов внутришлифовальной обработки [1]. В основе данной методики находится модель съема металла [2], учитывающая кинематику внутреннего шлифования и изменение полноты контакта круга с заготовкой на каждом ходе шлифовального круга, которое возникает из-за сложной функциональной связи упругих деформаций с параметрами режимов резания и технологических параметрами. Моделирование съема металла базируется на аналитической модели сил резания, охватывающей большую часть технологических факторов, влияющих на изменение силы резания (геометрические параметры зоны контакта круга и заготовки, степень затупления зерен круга и т.д.) [3]. Разработанная модель съема металла позволяет рассчитать основные параметры обработки: величины фактически-снятого припуска, текущие значения радиусов обрабатываемого отверстия, силы резания, время съема припуска, основное время и др. параметры. В результате чего, становится возможным накладывать ограничение по точности, т.е. определять допустимые значения погрешностей, связанных с допусками диаметральных размеров, а также с допусками формы и расположения внутренних цилиндрических поверхностей: погрешность диаметра, отклонение от круглости, радиальное биение, отклонение от цилиндричности, отклонение профиля продольного сечения и полное радиальное биение

В разработанной нами методики проектирования циклов впервые используется математический метод оптимизации – метод динамического программирования. Применение МДП обусловлено тем, что данный метод не требует построения заранее границ области допустимых ограничений и не является чувствительным к свойствам (дифференцируемости и непрерывности) моделей управления и ограничений. За критерий оптимальности принимается минимальное время цикла шлифования, так как оно является переменной частью затрат, зависящей от режимов обработки. Определение минимального времени цикла в процессе оптимизации цикла шлифования производится при обязательном учете основных технологических ограничений: по допустимой погрешности размеров обрабатываемой поверхности; по осыпаемости шлифовального круга; по допустимой глубине прижога на обрабатываемой поверхности; по допустимой шероховатости обрабатываемой поверхности и др.

Разработанная методика [1] обеспечивает многопараметрическую оптимизацию управляющей программы для станков с ЧПУ на операциях внутреннего шлифования. Результатом оптимизации являются оптимальные значения радиальной и осевой подач на всех ступенях цикла и оптимальное распределение снимаемого припуска по ступеням цикла для радиальной и осевой подачи, при которых обеспечивается минимальное время цикла. Отметим, что методика проектирования оптимальных циклов внутришлифовальной обработки учитывает переменные условия обработки (затупление зерен круга, колебание припуска и исходной точности в партии) и различные технологические факторы, связанные со станком, параметрами инструмента и заготовки (диапазоны подач, мощности приводов, геометрические размеры, характеристика круга, физико-механические свойства материала и др.). В результате становится возможным применение методики в условиях современного автоматизированного производства, требующего высокой производительности в быстро меняющих технологических условиях.

МДП не ограничивает ни количество оптимизируемых параметров управления, ни количества ограничений целевой функции. В результате становится возможным расширить количество оптимизируемых параметров (диаметр и ширина круга; величина перебега; число оборотов заготовки и др.) и проводить многопараметрическую оптимизацию в многомерном пространстве управляющих параметров.

Список литературы

1. Pereverzev, P.P. Automatic cycles' multiparametric optimization of internal grinding / P.P. Pereverzev, A.V. Akintseva // Procedia Engineering. – 2015. – Vol. 129. P. 121-126.
2. Переверзев, П.П., Аналитическое моделирование взаимосвязи силы резания при внутреннем шлифовании с упругими деформациями технологической системы / П.П. Переверзев, А.В. Попова, Пименов Д.Ю. // СТИН. – 2014. – Вып. 9. – С.23–27
3. Переверзев, П.П. Аналитическое моделирование взаимосвязи силы резания при внутреннем шлифовании с основными технологическими параметрами / П.П. Переверзев, А.В. Попова // Металлообработка. – 2013. – №3. – С. 24–30.

OPTIMIZATION OF CYCLES OF INTERNAL GRINDING BY METHOD OF DYNAMIC PROGRAMMING IN THREE-DIMENSIONAL SPACE OF TECHNOLOGICAL RESTRICTIONS AND SEVERAL MANAGING DIRECTORS OF PARAMETERS

Pereverzev P.P., Akintseva A.V., Vlasov I.S.

Keywords: internal grinding, optimization of processing, method of dynamic programming, cycle, cutting modes

Abstract. In this article the technique of design of optimal cycles of intra grinding processing in multidimensional space of the operating parameters is considered. This technique is based on step-by-step modeling of a sjem of metal in the set processing parameters taking into account elastic deformations and features of kinematics of cutting. As a mathematical method of optimization in this technique the method of dynamic programming allowing to consider any number of technological restrictions and the optimized parameters of management was used.

References

1. Pereverzev P.P., Akintseva A.V. [Automatic cycles' multiparametric optimization of internal grinding]. Procedia Engineering, 2015. vol. 129. pp. 121-126.
2. Pereverzev P.P., Popov A.V., Pimenov D.J. [Analytical simulation of correlation of force of cutting in case of internal grinding with elastic deformations of technological system]. STIN, 2014, iss. 9, pp. 23–27. (in Russ.)
3. Pereverzev P.P., Popov A.V. [Analytical modeling of interrelation of force of cutting at internal grinding with the key technological parameters]. Metalloobrabotka, 2013, iss. 3, pp. 24–30. (in Russ.)

Modern problems of theory of machines. – North Charleston: CreateSpace, 2016. – №4(1)
УДК 621:658.512.011.56:004.42

ИМПОРТОЗАМЕЩЕНИЕ В СФЕРЕ САПР

Волкова С.Л., Воробьева И.В., Копорушкин П.А.
Уральский федеральный университет им. первого Президента России
Б.Н. Ельцина Екатеринбург

Ключевые слова: системы автоматизированного проектирования, импортозамещение
Аннотация. В статье приведена сводная информация о популярных на сегодня ядрах САПР и их разработчиках, проанализирована возможность отказа от иностранных составляющих.

ВВЕДЕНИЕ

Системы автоматизированного проектирования – один из наиболее значимых компонентов процесса разработки изделий в современной промышленности. В настоящее время разработано огромное количество САПР, и ежегодно их число растет, а функционал становится все более сложным. Мы рассмотрим основные компоненты САПР, их российские и зарубежные варианты и проанализируем возможность импортозамещения, отказа от использования иностранных компонентов.

ОСНОВНЫЕ КОМПОНЕНТЫ САПР

Основным компонентом САПР является геометрическое ядро, которое представляет собой набор правил, объектов, интерфейсов, отвечающих за внутреннее представление модели и ее преобразования.
В геометрическом ядре выделяют такие модули, как: моделирование топологии граничного представления, геометрические объекты и операции над ними, булевы операции и операции редактирования поверхностей и прочие. [2]

Использование в основе разрабатываемого программного продукта только геометрического ядра ограничивает функциональные возможности САПР, так как ядро отвечает только за геометрическое моделирование, не соответствуя таким требованиям современного проектирования как: легкость внесения изменений в проект без необходимости серьезной переработки отдельных элементов; удобство совместной работы коллектива конструкторов над целым проектом; проектирование отдельных деталей, узлов механизмов и сборок с возможностью последующей независимой модификации любых элементов. [3]

Данными возможностями обладает другой компонент САПР - параметрическое ядро.

В таблице 1 представлена сводная информация о популярных геометрических и параметрических ядрах, представленных на сегодняшний день.

Таблица 1

Ядро	Тип ядра	Год	Разработчик	Страна	САПР, использующие ядро
ACIS	геом.	1989	Spatial (Dassault Systemes)	США	ADEM 9.0, Bricscad V14, Creo Elements/Direct 6.0(частично), IRONCAD 2014 TurboCAD 21 и др.
Parasolid	геом.	1989	Siemens PLM Software	США	IRONCAD 2014 neXt Generation, NX 10, Solid Edge ST7, SolidWorks SP1, T-FLEX 14 и др.
D-Cubed	парам.	1989	Siemens PLM Software	США	NX 10, SolidWorks SP1, CATIA v6, AutoCAD 2016, Autodesk Inventor 2012, Ansys 16.2 и др.
SMLib	геом.	1998	Solid Modeling Solutions	Япония	-
Open CASCADE	геом.	1999	OPEN CASCADE (Areva)	Франция	CAD-Schroer MEDUSA4 5.1.2, FreeCAD 0.15
GRANITE	геом.	2001	PTC	США	Creo Elements/Pro (Pro/Engineer) Creo 3.0
SOLIDS++	геом.	2004	IntegrityWare	США	Rhino 5.0 (частично)
nanoCAD	геом.	2008	Нанософт	Россия	nanoCAD ОПС 7.0, nanoCAD СПДС 6.0, и пр. продукты «Нанософт»
LGS	парам.	2009	Ледас	Россия	BricsCAD V14, CimatronE v.7 и др.
CGM	геом.	2010	Dassault Systemes	США	CATIA V6, SolidWorks SP1
C3D Solver	парам.	2013	Аскон	Россия	Компас V16
C3D	геом.	2013	Аскон	Россия	Компас V16
RGK	геом.	2013	Ледас, T-FLEX	Россия	-
Cheetah Solver	парам.	2014	Cloud Invent ML	Израиль	AutoCAD 2016

ЗАКЛЮЧЕНИЕ

Рынок САПР разнообразен, свои продукты представляют компании различных стран, стремясь занять определенную нишу, найти своих покупателей. Лидирующие позиции на рынке занимают зарубежные программные продукты. На протяжении нескольких последних лет список крупнейших производителей САПР возглавляет Autodesk (США), Dassault Systemes (Европа) и Siemens PLM Software(США).

На российском рынке тоже есть достойные представители, такие как АСКОН, T-Flex, ADEM, Нанософт, которые могут составить конкуренцию мировым лидерам, что в условиях сложившийся экономической ситуации в стране очень актуально. Наблюдается стремление к созданию качественных российских инструментов проектирования.

Вопрос импортазамещения широко обсуждается, и непонятным остается следующий момент: можно ли считать российским программным продуктом САПР, в состав которой входят зарубежные компоненты.

Список литературы

1. Ушаков, Д. На ядре. Статья, 2011. – isicad [Электронный ресурс]. Режим доступа: http://isicad.ru/ru/articles.php?article _num =14210 &compage=1
2. Шаповалов, О., Сергеев, Е., Гетманский, В., Крыжановский, Д. Вопрос распараллеливания в разработке ядра геометрического моделирования. Презентация. ООО «Сингулярис Лаб», ВолгГТУ. - Сайт Летней Суперкомпьютерной Академии [Электронный ресурс]. Режим доступа: http://academy.hpcrussia.ru/files/05_shapovalov_rgk _cka.pdf
3. Копорушкин, П.А. Разработка структур данных и алгоритмов расчета параметрических моделей геометрических объектов: дис. канд. техн. наук. – Екатеринбург, 2005. – 174 с.

IMPORT SUBSTITUTION IN CAD SYSTEMS
Volkova S.L., Vorobeva I.V., Koporushkin P.A.

Keywords: CAD systems, import substitution.
Abstract. Article contains summary information CAD systems kernels popular for today and their developers. We analysed possibility of refusal of foreign automated design systems components.

References
1. Ushakov D. On the kernel, 2011. - isicad [Electronic resource]. Access mode: http://isicad.ru/ru/articles.php?article num=14210&compage=1
2. Shapovalov O., Sergeev E., Getmanskij V., Kryzhanovskij D. Question of parallelization in development of a kernel of geometrical modeling. Singulyaris Lab, VSTU. - Site "Summer Supercomputing Academy" [Electronic resource]. Access mode: http://academy.hpc-russia.ru/files/05_shapovalov_rgk_cka.pdf
3. Koporushkin P.A. Development of structures of data and algorithms of calculation of parametrical models of geometrical objects. - Ekaterinburg, 2005. – p. 174.

НАУКА И ОБРАЗОВАНИЕ
В ОБЛАСТИ МАШИНОСТРОЕНИЯ

SCIENCE AND EDUCATION
IN THE FIELD OF MECHANICAL ENGINEERING

УДК 624.042:539.4

САПР MATHCAD ПРИ РАСЧЕТАХ И ИССЛЕДОВАНИЯХ ЭЛЕМЕНТОВ КОНСТРУКЦИЙ

Егодуров Г.С.[1], Дамбаев Ж.Г.[2], Цынгеев Д.Ц.[1]
[1]*Восточно-Сибирский государственный университет технологии и управления, Улан-Удэ;*
[2]*Иркутский государственный университет железнодорожного транспорта, Иркутск*

Ключевые слова: математический пакет *Mathcad*; алгоритмический язык высокого уровня; устойчивость прямолинейного стержня; муфта с коническим резиновым упругим элементом; резинометаллические шарниры.

Аннотация. Излагается опыт использования математического пакета Mathcad в сопротивлении материалов при выполнении инженерных расчетов на примерах исследования устойчивости прямолинейной стойки и напряженно-деформированного состоянии резинометаллических муфт и шарниров.

Появление все более и более сложных задач расчета и оптимизации машиностроительных конструкций обуславливает необходимость овладения инженером-механиком подходящих вычислительных средств. Очевидно, что в качестве такого средства может выступать программа на подходящем алгоритмическом языке высокого уровня. Написание качественной программы требует достаточно большого времени и высокой программисткой подготовки, и то и другое в большинстве случаев отсутствует у инженера. Он является специалистом в своей области и желает с наименьшими затратами решить свою задачу. После изучения курса "Информатика", выполнения курсовых работ и дипломного проекта с применением вычислительной техники выпускник знаком с алгоритмизацией вычислений, может составить простую программу и имеет навык работы с "готовыми" программными продуктами. Но этих знаний недостаточно для решения задач прочности элементов конструкций в виде программы, отвечающей современным требованиям. Возникает традиционный вопрос: "Что делать линейным инженерам, работающим в цехах машиностроительных заводов и на строительных площадках ?"

На наш взгляд, выходом из такого "тупика" является использование математического пакета *Mathcad*. Почему этот пакет? Вот некоторые достоинства этого пакета [1,2]: он позволяет достаточно просто реализовать вычислительный алгоритм любой сложности. Традиционное программирование разводит во времени процесс решения задачи на три независимых этапа: программа *пишется*, а затем *отлаживается* и *оптимизируется*. В среде *Mathcad* эти процессы слиты воедино, то есть создание "программы" идет параллельно с ее отладкой. Текстовый редактор позволяет вводить математические выражения в естественном, принятом в математике, виде. Вычислительная часть позволяет производить вычисления по сложным математическим формулам, записанным в естественном виде. Ни один технический расчет не обходится без построения графиков. Графики являются удобнейшим средством представления любой информации, *Mathcad* обладает обширным арсеналом средств для построения двух - и трехмерных графиков и диаграмм. В системе *Mathcad* есть возможность оформления результатов расчета в виде готового документа и высокая степень интеграции с другими *Windows* – приложениями.

Наш опыт последних лет привел к следующей схеме использования пакета *Mathcad* в курсе сопротивления материалов. После сопротивления материалов читается курс "Численные методы в задачах сопротивления материалов" [3] в рамках дополнительного курса "дисциплина по выбору студентов". На лекциях даются основные сведения о *Mathcad* и приемы работы с его математическим редактором при решении задач сопротивления материалов. Рассматриваются задачи, связанные с вычислением кратных и определенных интегралов: нахождение геометрических характеристик поперечных сечений стержней и перемещений сечений стержневых систем с помощью интеграла Мора. Обсуждаются задачи, связанные с использованием элементов линейной алгебры: исследование напряженно-деформированного состояния в точке упругого тела. Для их решения применяются встроенные в систему *Mathcad* операции скалярного и векторного произведения векторов, а также функции решения задачи на собственные значения и векторы матриц. Для решения некоторых краевых задач обыкновенных дифференциальных уравнений используется метод конечных разностей. Символьный процессор *Mathcad* позволяет решать многие задачи математики аналитически, без применения численных методов и, соответственно, без погрешностей вычислений.

Рассмотрим из [2,3], написанных совместно с преподавателями МГТУ им. Баумана, несколько примеров решения инженерных задач в среде *Mathcad*. Сначала определим критическую нагрузку для прямолинейной стойки (рис.1,*а*), используя энергетический метод при многочленной аппроксимации.

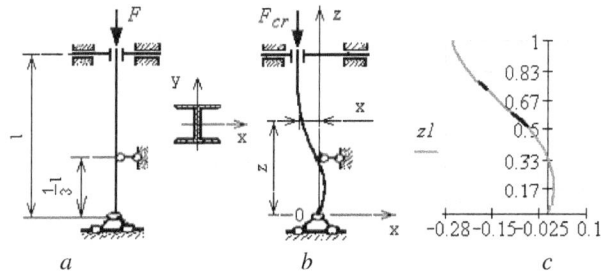

Рис. 1 – Расчетная схема стойки и примерный вид изогнутой оси

Записав четыре граничных условия:

35

при $z = 0$:   1) $y(0) = 0$;
            2) $y''(0) = 0$;
$z = \dfrac{l}{3}$:   3) $y\left(\dfrac{l}{3}\right) = 0$;
$z = l$:   4) $y' = 0$,

составляем аппроксимирующую функцию изогнутой оси стойки в виде полинома четвертой степени:

$$x1(z1, a_0, a_1, a_2, a_3, a_4) := a_0 + a_1 \cdot z1 + a_2 \cdot z1^2 + a_3 \cdot z1^3 + a_4 \cdot z1^4.$$

Используя граничные условия, получаем систему линейных уравнений относительно коэффициентов многочлена $a_0, \ldots, a_4$, которые решаем в вычислительном блоке *Given-Find*:

Given

$$\begin{cases} x1(0, a_0, a_1, a_2, a_3, a_4) = 0; \\ DDx1(0, a_0, a_1, a_2, a_3, a_4) = 0; \\ x1\left(\frac{1}{3}, a_0, a_1, a_2, a_3, a_4\right) = 0; \\ Dx1(1, a_0, a_1, a_2, a_3, a_4) = 0. \end{cases}$$

$$Find(a_0, a_1, a_2, a_3, a_4) \rightarrow \begin{bmatrix} 0 \\ \frac{3}{26} \cdot a_4 \\ 0 \\ \frac{-107}{78} \cdot a_4 \\ a_4 \end{bmatrix}$$

После нахождения коэффициентов $a_0, \ldots, a_4$ аппроксимирующая изогнутую ось стойки функция принимает вид:

$$x1(z1) := \frac{3}{26} \cdot z1 + \frac{-107}{78} \cdot z1^3 + z1^4.$$

График этой функции, как видно из рис.1*c*, довольно точно аппроксимирует изогнутую ось стержня, представленную на рис.1*b*. Затем, сравнив формулы Эйлера и Лагранжа-Дирихле, находим коэффициент приведения длины $\mu = 0.748$.

Чтобы по гибкости λ в автоматическом режиме вычислять значения коэффициентов снижения допускаемого напряжения ϕ, в программу при помощи таблицы данных <*Data Table*> вставляем матрицу $\lambda\phi$, где первый столбец – вектор λ значений гибкости стойки, а второй – вектор ϕ коэффициентов снижения допускаемого напряжения на сжатие:

$ORIGIN := 1$

$\lambda\phi :=$

	λ	ϕ
	1	2
1	10	0.988
2	20	0.97
3	30	0.943
4	40	0.905

Для расчета еще потребуется база данных по двутаврам, которые вводим в виде матрицы M, где k – порядковый номер; n – номер профиля

$(20.1 = 20)$; A – площадь, см², i_y – радиус инерции, см. В этой матрице описаны 23 двутавра:

$M :=$

k	n	h , мм	Iy , см⁴	A , см²	iy , см
	1	2	3	4	5
	1	2	3	4	5
1	10	100	17.9	12	1.22

Параметр цикла (количество строк в матрице) $\text{к} := 1..23$. Из матрицы M выделим два вектора: вектор i_y с радиусами инерции и вектор A с площадями: $i_y := 0.01 \cdot M^{(5)} \cdot \text{м}, A := 10^{-4} \cdot M^{(4)} \cdot \text{м}^4$.

Для двутавра с порядковым номером $к$ вычисляем фактическую гибкость стойки:

$$\lambda_k := \frac{\mu \cdot l}{i_{y_k}}.$$

По таблице $\lambda\phi$ методом линейной интерполяции *linterp* находим коэффициент ϕ_k:

$$\phi_k := lintper(\lambda\phi^{(1)}, \lambda\phi^{(2)}, 159.149)$$

и допускаемое напряжение на устойчивость:

$$\sigma_{adm.уст_k} := \phi_k \cdot \sigma_{adm.c.}$$

Фактическое напряжение в поперечном сечении стойки будет равно:

$$\sigma_{ст_k} := \frac{F_{раб}}{A_k}.$$

Номер профиля двутавра, начиная с $k = 1$ находим при помощи программного модуля с оператором цикла *while*:

$$n := \begin{array}{|l} k \leftarrow 1 \\ while \ \sigma_{ст_k} \geq \sigma_{adm.уст_k} \\ \quad \begin{array}{|l} k \leftarrow 1 + 1 \\ continue \end{array} \\ k \end{array}$$

Процесс перебора остановится, как только очередной двутавр удовлетворит условию прочности, его порядковый номер станет переменной *n*. В рассматриваемом случае первым пригодным оказался двутавр с порядковым номером 5:

$$n = 5; \ \sigma_{adm.уст_n} = 4.914 \cdot 10^7 Pa;$$

$$\sigma_{ст_n} = 4.274 \cdot 10^7 Pa; \ \frac{\sigma_{adm.уст_n} - \sigma_{ст_n}}{\sigma_{adm.уст_n}} \cdot 100\% = 13.027\%.$$

Это искомый двутавр № 18 с $I_y := 82.6 \cdot$ см⁴.

Так как условие применимости формулы Эйлера здесь выполняется, т. е.

$$\lambda_1 > \lambda_{lim},$$

где $\lambda_1 = 245.246; \lambda_{lim} := \sqrt{\frac{\pi^2 \cdot E}{\sigma_{pr}}}; \quad \lambda_{lim} = 94.723,$

то критическая сила:

$$F_{cr} := \frac{\pi^2 \cdot E \cdot I_y}{(\mu \cdot l)^2}; \ F_{cr} = 182.132 \text{кН}.$$

Коэффициент запаса по устойчивости: $n_y := \frac{F_{cr}}{F_{pa6}}$.

Рассмотрим резиновые упругие элементы, применяемые в конструкциях упругих муфт для соединения валов, в вибро- и шумоизолирующих опорах (рис.2) [4]. Упругий элемент 1 таких муфт выполнен в виде конической шайбы, торцы которой привулканизованы к металлическим вкладышам 2 полумуфт 3. Материал элементов – техническая резина с пределом прочности $\sigma \geq 8 \cdot$ МПа, модуль сдвига $G = (0.5 \ldots 1) \cdot$ МПа, может работать в среде бензина, керосина, воды и масла при температуре от $-40^{0}C$ до $+50^{0}C$ [1,2].

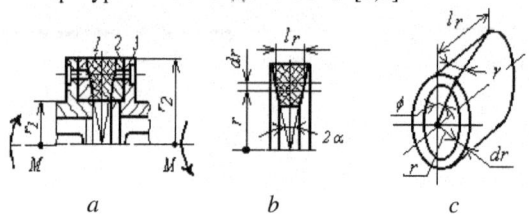

a   *b*   *c*

Рис. 2 – *a*) Схема муфты с коническим резиновым элементом;
b) расчетная схема конического резинового упругого элемента;
c) цилиндр бесконечно малой толщины

Выведем формулы для определения величины допускаемого момента M_{adm} и угла закручивания полумуфт при $M_k = M_{adm}$ для муфты с коническим резиновым упругим элементом (рис.2) [2].
Поскольку
$$\frac{r}{\frac{l_r}{2}} = ctg(\alpha) simblify \rightarrow 2 \cdot \frac{r}{l_r} = ctg(\alpha), \; 2 \cdot \frac{r}{l_r} = ctg(\alpha) = const$$

равномерно распределены по массиву упругого элемента, то деформация сдвига γ каждого цилиндра, определяемая по формуле $\gamma = \varphi \frac{r}{l_r}$ постоянна,

а, следовательно, касательные напряжения, определяются по закону Гука при сдвиге:
$$\tau = G \cdot \gamma = \frac{1}{2} \cdot G \cdot \varphi \cdot ctg(\alpha). \tag{1}$$

Если на элементарном кольце радиуса r и толщиной dr передается момент $dM_k = 2 \cdot \pi \cdot \tau \cdot r^2 \cdot dr,$ то весь упругий элемент передает крутящий момент:
$$M_k = \int_{r_1}^{r_2} 2 \cdot \pi \cdot \tau \cdot r^2 \cdot dr \rightarrow M_k = \frac{2}{3} \cdot r_2^3 \cdot \pi \cdot r - \frac{2}{3} \cdot r_1^3 \cdot \pi \cdot r. \tag{2}$$

Подставив в формулу (2) выражение (1) и решив в символьной форме, получим формулу, определяющую угол закручивания полумуфт:
$$\varphi = -3 \frac{M_k}{\pi \cdot G \cdot ctg(\alpha) \cdot \left(-r_2^3 + r_1^3\right)}. \tag{3}$$

Из выражения (2) получаем формулу для величины допускаемого момента для муфты:
$$M_{adm} = \frac{2}{3} \cdot r_2^3 \cdot \pi \cdot \tau_{adm} - \frac{2}{3} \cdot r_1^3 \cdot \pi \cdot \tau_{adm}; \; M_{adm} = 102.848 \text{Н} \cdot \text{м}.$$

А из (3) находим формулу угла закручивания полумуфт при допускаемом моменте для муфты:

$$\varphi_{adm} = -3\,\frac{M_{adm}}{\pi \cdot G \cdot ctg(\alpha) \cdot \left(-r_2^2 + r_1^2\right)}.$$

Таким образом, зная допускаемое значение момента для муфты M_{adm} можно найти момент двигателя $M_{adm}=$k$\cdot M_{дв}$, где k – коэффициент запаса, выбираемый на основании опыта эксплуатации машин различных типов (приведены в справочной литературе).

Рассмотрим резинометаллические шарниры (РМШ) рис.3 [4]. Они получили широкое распространение в современных машинах для восприятия толчков и ударов. Определим жесткость РМШ при коаксимальном кручении.

Допущение: касательные напряжения равномерно распределены по длине шарнира. Если резиновую втулку шарнира (рис.3) рассечь цилиндрической поверхностью радиуса r, то приложенные на этой поверхности касательные напряжения τ будут уравновешивать внешний момент M:

$$M = 2 \cdot \pi \cdot r^2 \cdot l \cdot \tau \; sokve, \tau \rightarrow \frac{1}{2} \cdot \frac{M}{p \cdot r^2 \cdot l}.$$

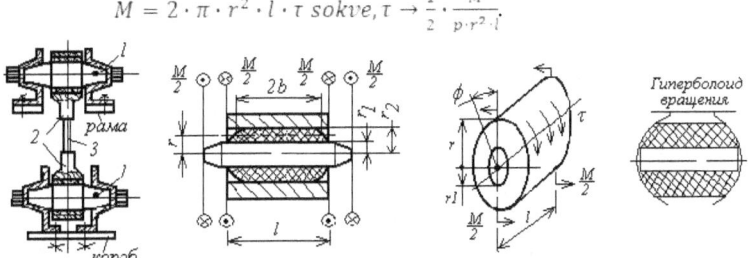

Рис. 3 – Схема качающейся стойки и резинометаллического шарнира

Приравняем полную потенциальную энергию деформации резиновой втулки к работе внешнего момента M:

$$\int_{r_1}^{r_2} \frac{\left(\frac{1}{2}\cdot\frac{M}{\pi \cdot r^2 \cdot l}\right)^2}{2 \cdot G} \cdot (2 \cdot \pi \cdot r \cdot l) dr = \frac{1}{2} \cdot M \cdot \phi \; solve, \phi \rightarrow \frac{-1}{4} \cdot M \cdot \frac{r_1^2 - r_2^2}{r_2^2 \cdot p \cdot l \cdot G \cdot r_1^2};$$

$$\phi = \frac{1}{4} \cdot M \cdot \frac{r_2^2 - r_1^2}{r_2^2 \cdot p \cdot l \cdot G \cdot r_1^2}.$$

Решая это уравнение, получим выражение для определения жесткости РМШ при коаксиальном кручении:

$$C = \frac{M}{\phi} = 4 \cdot r_2^2 \cdot \pi \cdot l \cdot G \cdot \frac{r_1^2}{r_2^2 - r_1^2}.$$

Проведем оптимизацию формы РМШ. Согласно формуле φ касательные напряжения в резиновой втулке шарнира зависят от радиуса и значительно уменьшаются с его увеличением. Таким образом, резина, примыкающая к наружной обойме, является недогруженной. Для создания постоянного по радиусу напряжения τ и уменьшения объема детали ширина резиновой втулки по мере удаления от центрального стержня должна уменьшаться (рис.3, пунктир).

Закон изменения продольного разреза резинового элемента может быть получен из условия постоянства касательных напряжений во всех цилиндрических слоях резинового элемента получим уравнение гиперболоида:

$$\frac{r^2}{b_1 \cdot b_2} - \left(\frac{r^2_1}{b_1 \cdot b_2} - \frac{r^2_2}{b \cdot b_1} \right) = const,$$

здесь b_1 и b_2 – соответственно половина длины втулки на радиусе r_1 и r_2; можно принять $const=1$, то есть торцевая поверхность резиновой втулки шарнира – гиперболоид вращения (рис.3).

Выражение для угла φ РМШ с равными касательными напряжениями можно получить аналогичным предыдущему способом:

$$\frac{M^2}{8 \cdot \pi \cdot G \cdot b_2 \cdot r^2_2} \cdot \int_{r_1}^{r_2} \frac{1}{r} \cdot M \cdot \phi \, dr \rightarrow -\frac{1}{4} \cdot M \cdot \frac{-\ln(r_2) + \ln(r_1)}{p \cdot G \cdot b_2 \cdot r^2_2},$$

$$C = 4 \cdot \pi \cdot G \cdot b_2 \cdot \frac{r_2^2}{\ln(r_2) - \ln(r_1)}.$$

Таким образом, расчетным путем найдена оптимальная форма РМШ из условия постоянства по радиусу касательного напряжения τ и уменьшения объема детали, то есть жесткость РМШ будет оптимальной, если торцевая поверхность резиновой втулки шарнира будет иметь форму гиперболоида вращения.

Как видно из приведенных примеров, довольно сложные для аналитического (ручного) решения задачи в среде *Mathcad* решаются просто. И при этом решаются задачи в естественной последовательности, математические выражения записываются в общепринятом виде. Красота решения задач бесспорна, физический смысл решения задач просматривается насквозь – это нужно нашим студентам для закрепления теории расчета – алгоритма решения задач (иногда решение студенческих задач по шаблону превращается в бездумное нажимание клавиш компьютера).

Таким образом, линейным инженерам не требуется обязательного знания языков программирования высокого уровня при решении самых разных инженерных задач, если пользоваться универсальной математической системой *Mathcad*. В то же время инженеры, хорошо знающие программирование, могут создавать в *Mathcad* различные программные решения, например, задачи расчета и оптимального проектирования конструкций и т.д., существенно расширяющие возможности этого пакета.

Список литературы

1. Очков В.Ф. Mathcad 12 для студентов и инженеров. – СПб.: БХВ – Петербург, 2005. – 464 с.
2. Вафин Р.К., Егодуров Г.С., Зангеев Б.И. и др. Расчеты на прочность элементов машиностроительных конструкций в среде Mathcad. – Старый Оскол: ООО "ТНТ", 2006. – 580 с.

3. Егодуров Г.С., Покровский А.М., Зангеев Б.И.. Численные методы в задачах сопротивления материалов. – Улан-Удэ, 2010. – 610 с.
4. Хабаева Н.А., Егодуров Г.С.. К расчету резинометаллических муфт и шарниров. Сборник научных трудов. Серия: Технические науки. Выпуск 14. – Улан-Удэ, 2010. – С. 94-98.

MATHCAD CALCULATIONS AND RESEARCH ELEMENTS OF CONSTRUCTION
Egodurov G.S., Dambaev J.G., Tsyngeev D.Ts.

Keywords: mathematical package Mathcad; algorithmic high-level language; stability of a straight rod; the coupling with a conical rubber elastic element, rubber-metal hinges.
Abstract. The experience of the use of mathematical package Mathcad in the strength of materials in carrying out engineering calculations to study the stability of the examples stand straight and stress-strain state of rubber joints and hinges.

References
1. Ochkov V.F. Mathcad 12 dlya studentov i inzhenerov. – SPb.: BXV –Peterburg, 2005. – 464 s.
2. Vafin R.K., Egodurov G.S., Zangeev B.I. i dr. Raschety na prochnost' e'lementov mashinostroitel'nyx konstrukcij v srede Mathcad. – Staryj Oskol: OOO "TNT", 2006. – 580 s.
3. Egodurov G.S., Pokrovskij A.M., Zangeev B.I.. Chislennye metody v zadachax soprotivleniya materialov. – Ulan-Ude', 2010. – 610 s.
4. Xabaeva N.A., Egodurov G.S.. K raschetu rezinometallicheskix muft i sharnirov. Sbornik nauchnyx trudov. Seriya: Texnicheskie nauki. Vypusk 14. – Ulan-Ude', 2010. – S. 94-98.

41

ТЕОРИЯ МЕХАНИЗМОВ И МАШИН

THEORY OF MECHANISMS AND MACHINES

УДК 531.8+004.942

АНАЛИЗ МЕТОДОВ РАСЧЕТА СОСТАВА КИНЕМАТИЧЕСКИХ ЦЕПЕЙ И ИХ РЕАЛИЗАЦИЯ

Степанов А.В.

Новокузнецкий институт (филиал) Кемеровского государственного университета, Новокузнецк

Ключевые слова: структурный синтез, кинематическая цепь, алгоритм, виртуализация, компьютерная программа, геометрический элемент.

Аннотация: рассмотрены особенности методов расчета состава кинематических цепей при заданном общем количестве звеньев, максимальной их сложности, подвижности цепи, числе общих связей, наложенных на систему, а также специфика их компьютерной реализации.

Структура технической системы определяется функционально связанной совокупностью элементов и отношений между ними. В механических системах под элементами понимаются звенья, группы звеньев или типовые механизмы, а под отношениями – характер их соединения между собой. Связанную совокупность звеньев, соединенных между собой посредством кинематических пар, принято называть кинематической цепью. Графические образы кинематических цепей используются на этапе структурного синтеза механической системы.

Любая кинематическая цепь может быть представлена набором звеньев и кинематических пар, а также ее топологией (порядком соединения звеньев между собой соответствующими кинематическими парами). Набор звеньев определяется номенклатурой и количеством звеньев той или иной сложности, а набор кинематических пар определяется номенклатурой и количеством пар того или иного класса. Класс кинематических пар определяет число связей, накладываемых на относительное движение звеньев, соединенных в кинематическую пару.

Для одного и того же общего числа звеньев и подвижности механизма можно получить достаточно большое количество кинематических цепей, различающихся топологией и составом звеньев и кинематических пар. Для получения их образов необходимо владеть двумя группами методов (технологий). Во-первых, необходимо уметь каким-то образом рассчитывать составы звеньев и кинематических пар, необходимых для создания кинематических цепей, а во-вторых – владеть технологией построения цепей различных топологий для одного и того же набора звеньев и пар. Таким образом, получение полного многообразия кинематических цепей условно распадается на два относительно самостоятельных этапа: на первом из них производятся расчеты их состава, а на втором – осуществляется их конструирование.

Данная статья посвящается рассмотрению методов первого этапа – расчета состава кинематических цепей при заданном общем количестве звеньев, их номенклатуре (разновидностям), подвижности цепи, номенклатуре кинематических пар, числе общих связей, наложенных на систему.

Попытки установления математических зависимостей, связывающих номенклатуру звеньев и кинематических пар с подвижностью, предпринимались разными учеными и продолжались в течение длительного времени.

Немецкий ученый Мартин Грюблер, создавший позднее метод синтеза структур механизмов на базе замкнутых кинематических цепей, названный его именем, со ссылкой на П.Л. Чебышева, получил "свою" формулу подвижности, которая имела вид (1883 г.) $3n - 2p_5 = 4$, где цифра 4 – означала, что замкнутые кинематические цепи, описываемые приведенной формулой, имеют четыре степени подвижности [1].

Для расчета числа кинематических пар цепи при известном количестве различных звеньев и их номенклатуре М. Грюблером предлагалось использовать следующие формулы. Общее число звеньев n, равное сумме звеньев различной сложности (1) и число их геометрических элементов, подсчитанное по формуле (2)

$$n = n_2 + n_3 + n_4 + \cdots, \quad (1) \qquad 2p_5 = 2n_2 + 3n_3 + 4n_4 + \cdots. \quad (2)$$

поскольку двухпарное звено имеет два геометрических элемента, трехпарное – три и т.д., общее количество геометрических элементов звеньев равно удвоенному количеству кинематических пар.

Профессором Добровольским В.В. была предложена формула подвижности, связывающая количество звеньев и пар с подвижностью цепи, применимая для любых кинематических цепей, которая может быть записана в следующем виде:

$$W = (6 - m)n - \sum_{k=m+1}^{5}(k - m)p_k$$

где m – общее число связей, наложенных на систему.

В последнем десятилетии прошлого века профессор Дворников Л.Т. связал такого рода зависимости в единую систему, введя понятие τ – угольника, что ограничило типоряд применяемых звеньев, превратив бесконечные ряды (1),(2) в конечные суммы, и предложил научному сообществу изящную систему уравнений, названную им позже универсальной структурной системой [2].

$$\begin{cases} \sum_{k=m+1}^{5} p_k = \tau + (\tau - 1)n_{\tau-1} + \cdots + i \cdot n_i + \cdots + 2n_2 + n_1 \\ n = 1 + n_{\tau-1} + \cdots + n_i + \cdots + n_2 + n_1 \\ W = (6 - m)n - \sum_{k=m+1}^{5}(k - m)p_k \end{cases} \quad (3)$$

Исходными данными для расчета состава цепи здесь являются: подвижность цепи – W, число общих связей, наложенных на систему – m, общее число подвижных звеньев - n и максимально допустимая их сложность – τ, отождествляющаяся с числом кинематических пар, привносимых звеном в кинематическую цепь,

Целочисленные решения этой системы представляют собой количества звеньев различной сложности, фигурирующие в системе как - n_i и количества кинематических пар различных классов - p_k.

При небольшом количестве звеньев цепи целочисленные решения системы могут быть получены вручную путем несложных математических преобразований. Однако при увеличении количества звеньев и максимально допустимой их сложности ручные расчеты становятся уже непосильными. Необходима компьютерная поддержка.

Вот тут-то и возникает парадоксальная ситуация: метод определения состава кинематической цепи есть – находи целочисленные решения системы и получишь состав, но методов решения предложенной системы нет. Скрупулезный анализ системы показывает, что это – необычная система, не приводимая к "классическому" виду. Количество одночленов, входящих в левые и правые части уравнений, и число неизвестных может меняться от расчета к расчету. Чаще всего, число неизвестных превышает число уравнений системы. Значения искомых неизвестных могут быть только целыми числами. Ясно, что для решения системы ни аналитические, ни численные методы не могут быть применены.

Вузовские знания в области вычислительной техники напомнили о том, что для решения систем линейных алгебраических и дифференциальных уравнений могут быть использованы и аналоговые вычислительные машины (АВМ). Напомним, что классическая АВМ представляет собой набор решающих блоков, которые соединяются между собой в соответствии с характером решаемой задачи. Первым этапом решения задачи на АВМ является выбор необходимых блоков, требующихся для решения задачи. Анализ набора блоков АВМ показал, что с использованием типовых блоков систему не решить. Нужны нетиповые (специальные) блоки, такие как:

• генератор наборов звеньев;
• калькулятор числа геометрических элементов заданного набора звеньев;
• генератор наборов кинематических пар;
• компаратор, осуществляющий сравнение подвижности сконструированной цепи с заданным значением;
• логический анализатор;
• регистратор решений;
• визуализатор решений.

Соединяя перечисленные блоки в нужной последовательности, можно получить специализированную АВМ для решения универсальной структурной системы. Так как изготовление требуемых блоков "в железе" затратный и трудоемкий процесс, было принято решение смоделировать работу специализированной АВМ с помощью компьютерной программы, реализуя следующую структурную схему (рис. 1) [3].

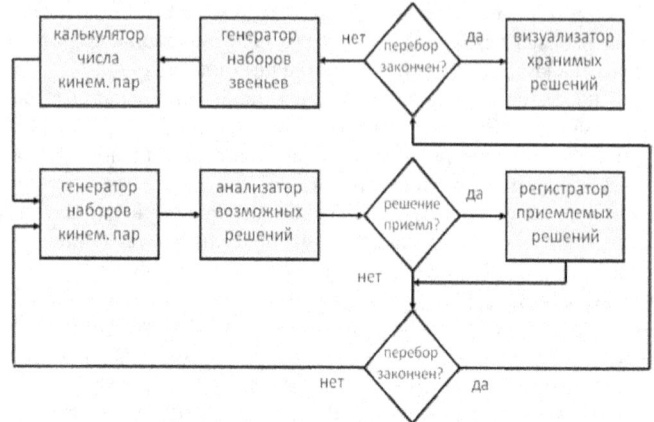

Рис. 1 – Структурная схема моделируемой АВМ

Тестирование программы показало ее работоспособность. На разработанную программу получено свидетельство об официальной регистрации программ для ЭВМ за № 2006611506. Описание работы программы и ее исходный код, были опубликованы в [4].

Расчеты для реальных данных, при которых ручные расчеты были невозможны, показали, что при имеющейся структурной классификации кинематических цепей пространство получаемых решений может быть достаточно велико. Для пяти звеньев, к примеру, при $\tau = 3$ в нулевом семействе получается 187 различных наборов звеньев и кинематических пар, с помощью которых могут быть созданы цепи с заданными параметрами. Для уменьшения пространства получаемых решений системы профессор Дворников Л.Т. предложил разбивать семейства механизмов на подсемейства. В качестве отличительного признака подсемейств был выбран состав кинематических пар, разрешенных к применению классов [5].

Это позволило локализовать решение задач структурного синтеза механизмов. Была разработана новая компьютерная программа, позволяющая производить расчеты для любого подсемейства и для семейства в целом.

Важной особенностью системы профессора Дворникова Л.Т. является то, что при ее создании сложность звеньев отождествлялась с числом кинематических пар, привносимых звеном в кинематическую цепь, и, следовательно, численные значения n_1, n_2, ..., n_i, полученные в результате решения системы, представляют собой количества, не реальных, а так называемых, виртуальных звеньев [6].

Напомним, что виртуальный объект это абстракция реального объекта, имеющая, чаще всего, два параметра: имя и назначение. Виртуальные звенья имеют имена: n_1, n_2, ... , n_i и назначение: привносить в кинематическую цепь i кинематических пар. Исходя из этого, звено, привносящее в цепь одну кинематическую пару, может быть и двухпарным, и трехпарным и т.д. В реальные звенья, с точки зрения их графического изображения, они превращаются лишь в процессе построения структурной схемы.

Несмотря на то, что в расчетах и в технологии построения структур все четко формализовано и безупречно, применение универсальной структурной системы (УСС) для структурного синтеза механизмов и сама УСС неоднозначно воспринимается специалистами в области теории механизмов и машин, причиной чему, в первую очередь, является аппарат виртуализации.

Кроме того, получив решения системы, мы не можем сказать, сколько же двухпарных, трехпарных и т.д. звеньев необходимо иметь для создания кинематических цепей без их построения. А поскольку реальная сложность звеньев определяется лишь на этапе конструирования структурных схем, оба этапа являются жестко связанными.

По этой причине автором была поставлена задача разработки иного метода расчета состава кинематических цепей, который позволил бы находить варианты состава подвижных звеньев без использования аппарата виртуализации. Такой метод и был разработан [7].

В основу разработанного метода были положены следующие соображения. В реальном механизме звенья соединяются друг с другом посредством геометрических элементов, представляющих собой специальным образом обработанные поверхности. Геометрические элементы двух соединяемых звеньев образуют кинематическую пару. На структурной схеме звенья изображаются с помощью геометрических фигур, чаще в виде многоугольников с прямолинейными или криволинейными сторонами. Геометрическими элементами многоугольника являются его стороны и углы. Количество сторон и углов у любого многоугольника одинаково. Графические образы геометрических элементов кинематических пар отображаются в углах многоугольников. Таким образом, на структурной схеме кинематической цепи число геометрических элементов звеньев соответствует сумме сторон многоугольников. Свободные геометрические элементы звеньев являются выходами кинематической цепи и соединяются с геометрическими элементами неподвижного звена (стойки). Сумма геометрических элементов всех звеньев, поделенная пополам, дает число кинематических пар механизма. На этом основании можно записать уравнение для суммы кинематических пар в виде:

$$S_k = (\sum_{i=2}^{max} i \cdot n_i + vix) / 2.$$

Здесь n_i – число двухпарных, трехпарных и т.д. звеньев, *max* – максимальная сложность звена, определяемая числом его геометрических элементов, а *vix* – число выходов кинематической цепи.

Принимая во внимание вышеизложенное, состав кинематической цепи с "реальными" звеньями может быть определен путем нахождения целочисленных решений следующей системы (4).

47

С учетом пожелания профессора Х.Т. Туранова, - официального оппонента по защите докторской диссертации автора, высказанное им при ее защите, уравнение В.В. Добровольского было преобразовано к другому виду, в котором изменено обозначение кинематических пар различных классов следующим образом: одноподвижные кинематические пары обозначаются p_1, двухподвижные – p_2 и т.д. Получается система уравнений другого вида.

$$\begin{cases} n = \sum_{i=2}^{max} n_i \\ \sum_{k=1}^{5} p_k = (\sum_{i=2}^{max} i \cdot n_i + vix)/2 \\ W = (6-m)n - \sum_{k=1}^{5-m}(6-m-k)p_k \end{cases}$$

где max – количество геометрических элементов самого сложного звена.

Используя предлагаемый метода совсем несложно получить алгоритм поиска вариантов состава кинематических цепей плоских рычажных механизмов с заданным количеством подвижных звеньев без решения системы уравнений и без всякого рода ее математических преобразований.

Как и всякий алгоритм, он состоит из последовательности шагов. Для сокращения объема статьи подробно опишем один из шагов. Все последующие шаги выполняются аналогичным образом.

Работу алгоритма рассмотрим для общего числа подвижных звеньев равного семи. Это количество принято по той причине, что результаты полученных далее решений можно будет сравнить с результатами, опубликованными в работе [8].

Прежде всего, из формулы подвижности плоских механизмов с парами пятого класса: $W = 3n - 2p$ следует, что число геометрических элементов подвижных звеньев вместе с геометрическими элементами неподвижного звена (стойки) на единицу меньше утроенного общего числа подвижных звеньев. Для нашего примера эта сумма равна двадцати. Стало быть, работоспособную кинематическую цепь восьмизвенного механизма можно получить лишь при условии, что сумма геометрических элементов подвижных звеньев вкупе с геометрическими элементами неподвижного звена должна быть равна только двадцати.

Составим таблицу различных наборов звеньев, общее число которых равно семи. Для создания цепи будем использовать двухпарные и трехпарные звенья (табл. 1).

Поскольку минимальное число выходов кинематической цепи или число геометрических элементов неподвижного звена (стойки) равно двум, число геометрических элементов подвижных звеньев не должно быть более 18. На этом основании варианты 5 и 6 выбывают из рассмотрения (в таблице они затемнены).

Таблица 1 – Составы цепей для двух- и трехпарных звеньев

№	Кол-во звеньев		Расчетные данные			
	3-х парн.	2-х парн.	$\sum(г.э.з)$	макс. кол-во выходов цепи	набор выходов	число выходов
1	1	6	15	3	2,3	–
2	2	5	16	4	2,3,4	4
3	3	4	17	5	2,3,4,5	3
4	4	3	18	6	2,3,4,5,6	2
5	5	2	19			
6	6	1	20			

Поскольку общее число геометрических элементов должно быть четным, некоторые значения выходов цепи необходимо отбросить (в таблице они затемнены). Из оставшихся вариантов отбираем те, для которых сумма геометрических элементов подвижных звеньев и выходов цепи равна двадцати. Осталось три варианта состава кинематических цепей, на основе которых могут быть построены структурные схемы восьмизвенных механизмов. Они представлены в таблице 2.

Таблица2 – Возможные варианты состава цепей

№ вар	Кол-во звеньев		
	3-х парн.	2-х парн.	число выходов
1	2	5	4
2	3	4	3
3	4	3	2

Рассмотрим подробнее полученные решения. Сравним их с контрольными вариантами в качестве которых используем результаты, приведенные в статье [8]. При максимальном, равном четырем, количестве выходов семизвенной цепи все варианты топологий не должны иметь изменяемых замкнутых контуров. Это соответствует варианту 1 таблицы, а в статье [8] рисунку 4. При уменьшении числа выходов цепи должны появляться изменяемые замкнутые контуры, число которых равно разности между максимально возможным числом выходов и числом выходов полученного варианта состава цепи. Для варианта 2 таблицы 2 кинематические цепи должны иметь один изменяемый замкнутый контур, а для варианта 3 их должно быть два.

Правильность полученных результатов для вариантов 2 и 3 может быть подтверждена рисунками 6 – 14 упомянутой выше статьи.

Изменим список разрешенных к применению звеньев. В этом варианте будем использовать только четырехпарные и двухпарные звенья. Повторим все описанные выше шаги, начиная с построения таблицы различных наборов разрешенных к применению звеньев.

Формирование возможных наборов звеньев прекращаем, как только количество их геометрических элементов станет равным или превысит число 18. Это соответствует двум вариантам таблицы 3. Число выходов цепи должно быть таким, чтобы дополнять сумму геометрических элементов подвижных звеньев до 20. Правильность полученных решений подтверждается рисунками 22, 23, приведенными в [8].

Таблица 3 – Составы цепей для двух- и четырехпарных звеньев

№	Кол-во звеньев		Расчетные данные			
	4-х парн.	2-х парн.	$\sum(г.э.з)$	макс. кол-во выходов цепи	набор выходов	число выходов
1	1	6	16	4	2,3,4	4
2	2	5	18	6	2,3,4,5,6	2

Вновь изменим список разрешенных к применению звеньев. В этом варианте будем использовать и четырехпарные, и трехпарные, и двухпарные звенья. Строим таблицу наборов звеньев (табл. 4).

Таблица 4 – Составы цепей для двух- , трех- и четырехпарных звеньев

№	Кол-во звеньев			$\sum(г.э.з)$	макс. кол-во выходов цепи	число выходов
	4-х парн	3-х парн.	2-х парн.			
1	1	1	5	17	5	3
2	1	2	4	18	6	2
3	2	1	4	19	7	3
4	2	2	3	20	8	2

Варианты 3 и 4 отбрасываем, получив число геометрических элементов звеньев. Вариант 1 набора звеньев можно найти на рисунках 16, 17 [8], а вариант 2 – на рисунках 18-22.

Все выполняется достаточно просто безо всяких преобразований исходной системы.

Для более сложных расчетов была разработана компьютерная программа, позволяющая производить расчеты состава кинематических цепей любой сложности, используя разработанный метод [7].

Функционально программа состоит из двух разделов: раздела инициализации и расчетной части (рис. 2).

За период времени от момента публикации статьи [7] до подготовки черновиков настоящей статьи компьютерная программа была подвергнута доработке. В частности были добавлены фильтры, для отбраковки тех решений, которые не соответствуют заданным разрешениям на применение звеньев конкретной сложности и кинематических пар конкретной подвижности. Добавлены интерфейсные компоненты и блоки, с помощью которых можно получать варианты состава кинематических цепей с любыми видами звеньев, общее число которых не превышает заданное количество, а также их полное множество для всего семейства механизмов.

Раздел инициализации
Начальная инициализация переменных, массивов, флагов. Визуализация интерфейсных компонентов
Корректировка масок звеньев и кинематических пар
Корректировка коэффициентов (исходной) структурной формулы $6n - 5p_5 - 4p_4 - 3p_3 - 2p_2 - p_1$ в зависимости от выбранного семейства
Прием данных из интерфейсных компонентов и их преобразование

Расчетная часть
Расчет параметров кинематических цепей: число звеньев заданной номенклатуры и числа кинематических пар выбранных классов; визуализация результатов

Рис. 2 – Состав компьютерной программы

Так же, как и прежде, программа моделирует работу виртуальной аналоговой вычислительной машины с набором тринадцати специализированных решающих блоков, номенклатура которых была определена на этапе постановки задачи. Структурная схема виртуальной АВМ представлена на рисунке 3, а на рисунке 4 приведен вид рабочего окна компьютерной программы после запуска приложения.

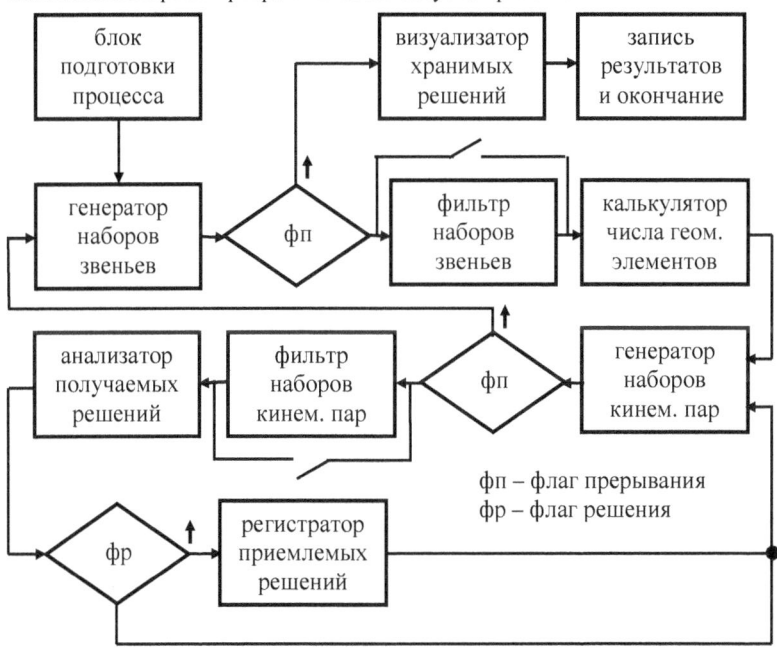

Рис. 3 – Структурная схема виртуальной АВМ

Рассмотрим кратко особенности функционирования виртуальной АВМ, руководствуясь схемой рисунка 3. В наборе решающих блоков имеется два генератора: генератор наборов звеньев и генератор наборов кинематических пар, каждый из которых представляет собой счетчик с переменным основанием системы счисления и выключаемыми разрядами, эмулируемый с помощью программных блоков [9]. Три логических анализатора, изображенные на схеме в виде ромба, проверяют состояние флагов прерывания (фп), устанавливаемых генераторами наборов звеньев и пар и флага решения (фр), устанавливаемого анализатором решений. Каждый из логических анализаторов осуществляет ветвление процесса в зависимости от состояния флагов. Если флаг установлен в единичное состояние, процесс продолжается в направлении, отмеченным на рисунке 3 короткой вертикальной стрелкой.

Всякий раз, когда сумма разрядов счетчика генератора равна количеству подвижных звеньев или кинематических пар, соответствующий генератор приостанавливает свою работу и выдает состояние флага прерывания «фп» равное нулю и лишь только тогда, когда возникнет переполнение счетчика, состояние соответствующего флага прерывания изменяется на единичное.

Для реализации режима выборочного синтеза, когда пользователь «навязывает» свои условия по набору звеньев и/или кинематических пар после генераторов установлены фильтры, отвергающие приемлемые решения, но не удовлетворяющие установленным ограничениям.

При желании получить полное множество решений для любых наборов звеньев и/или для всего семейства эти фильтры блокируются с помощью соответствующих ключей.

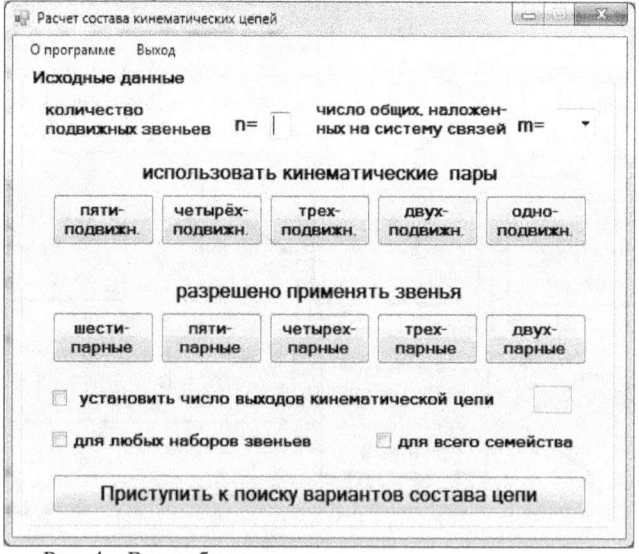

Рис. 4 – Вид рабочего окна после запуска приложения

52

Разработанная программа имеет несколько режимов работы. Она позволяет находить решения для жестко заданной номенклатуры звеньев и пар, что соответствует режиму выборочного синтеза механизмов. С ее помощью можно получить полное множество вариантов решений для любой номенклатуры звеньев и/или пар.

Анализируя набор визуальных компонентов главного окна приложения, можно прийти к выводу о том, что типоряд применяемых звеньев ограничен шестипарными звеньями. Но это не так. При желании можно изменить интерфейсную часть приложения в зависимости от вкусов и предпочтений пользователя. Разработанный метод работает для любых кинематических цепей, являясь инвариантным по отношению к интерфейсу компьютерных программ.

Список литературы
1. Grubler M. Gegtriebelehre. Eine Theorie des Zwanglaufes und der ebene Mechanismen.- Berlin: Springer-Verlag, 1917.
2. Дворников Л.Т. Начала теории структуры механизмов. – Новокузнецк: изд-во СибГГМА, 1994. – 102 с.
3. Степанов А.В. О современном уровне компьютерного решения задач структурного синтеза механизмов // Современное машиностроение. Наука и образование. Материалы международной научно-практической конференции. СПб: Изд-во Политехн. ун-та, 2011. С. 360-369.
4. Степанов А.В. Решение универсальной структурной системы профессора Дворникова Л.Т. // Вестник КузГТУ. – 2007. – №3. – С. 43-47.
5. Дворников Л.Т., Степанов А.В. К вопросу о классификации механизмов // Известия ТПУ. Математика и механика. Физика. – 2009. – Т.314. – №2. – С. 31-34.
6. Степанов А.В. Виртуализация в задачах компьютерного синтеза структур механизмов // Вестн. Кузбасского гос. тех. унив. – 2007. – № 3. – С. 47-50.
7. Степанов А.В. Развитие алгоритмов расчета состава кинематических цепей // Вестник КузГТУ. – 2014. – №4 (104). – С. 57-60.
8. Дворников Л.Т. Опыт структурного синтеза механизмов // Теория механизмов и машин. – 2004. - №2. Том 2. – С. 3-17.
9. Степанов А.В. Счетчики с выключаемыми разрядами и изменяемым основанием системы счисления в компьютерных процедурах, реализующих метод простого перебора // Вестник Кемер. гос. ун-та. – 2014. – №3 (59), Т1, – С. 46-50.

ANALYSIS OF METHODS OF CALCULATION OF COMPOSITION OF KINEMATICS CHAINS AND THEIR REALIZATION
Stepanov A.V.

Key words: structural synthesis, kinematics chain, algorithm, virtualization, computer program, geometrical element.

Abstract. Considered feature of methods of calculation of composition of kinematics chains at the set general amount of links, their maximal complication, mobility of chain, number of the general connections imposed on the system, and also specific of their computer realization.

References

1. Grubler M. Gegtriebelehre. Eine Theorie des Zwanglaufes und der ebene Mechanismen.- Berlin: Springer-Verlag, 1917.
2. Dvornikov L.T. Nachala teorii struktury mexanizmov. – Novokuzneck: izd-vo SibGGMA, 1994. – 102 s.
3. Stepanov A.V. O sovremennom urovne komp'yuternogo resheniya zadach strukturnogo sinteza mexanizmov // Sovremennoe mashinostroenie. Nauka i obrazovanie. Materialy mezhdunarodnoj nauchno-prakticheskoj konferencii. SPb: Izd-vo Politexn. un-ta, 2011. S. 360-369.
4. Stepanov A.V. Reshenie universal'noj strukturnoj sistemy professora Dvornikova L.T. // Vestnik KuzGTU. – 2007. – №3. – S. 43-47.
5. Dvornikov L.T., Stepanov A.V. K voprosu o klassifikacii mexanizmov // Izvestiya TPU. Matematika i mexanika. Fizika. – 2009. – T.314. – №2. – S. 31-34.
6. Stepanov A.V. Virtualizaciya v zadachax komp'yuternogo sinteza struktur mexanizmov // Vestn. Kuzbasskogo gos. tex. univ. – 2007. – № 3. – S. 47-50.
7. Stepanov A.V. Razvitie algoritmov rascheta sostava kinematicheskix cepej // Vestnik KuzGTU. – 2014. – №4 (104). – S. 57-60.
8. Dvornikov L.T. Opyt strukturnogo sinteza mexanizmov // TMM. – 2004. - №2. Tom 2. – S. 3-17.
9. Stepanov A.V. Schetchiki s vyklyuchaemymi razryadami i izmenyaemym osnovaniem sistemy schisleniya v komp'yuternyx procedurax, realizuyushhix metod prostogo perebora // Vestnik Kemer. gos. un-ta. – 2014. – №3 (59), T1, – S. 46–50.

УДК 621.01

УТОЧНЕНИЕ К СТРУКТУРНОМУ СИНТЕЗУ ТРЕХЗВЕННЫХ КИНЕМАТИЧЕСКИХ СОЕДИНЕНИЙ

Попугаев М.Г.

Сибирский государственный индустриальный университет, Новокузнецк

Ключевые слова: кинематическое соединение, кинематическая пара, трехзвенный механизм.

Аннотация. В статье излагается алгоритм поиска трехзвенных кинематических соединений. Представлен полный состав решений для трексов с положительной подвижностью.

В теории механизмов и машин широко используется понятие кинематической пары. Кинематическая пара есть соединение двух соприкасающихся звеньев, допускающее их относительное движение. Кинематические пары могут быть одно, двух, трех, четырех и пятиподвижные, то есть число степеней свободы звена кинематической пары в относительном движении может изменяться также от 1 до 5 [1]. Очевидно, что возможно создание соединений более сложных, чем кинематические пары. Первые шаги в задаче о создании соединений звеньев более сложных, чем кинематические пары была поставлена в 2001 году Л.Т. Дворниковым [2], позже эти идеи были затронуты в статьях [3-7], но не разрешены полностью.

Добавив в кинематическую пару, которая состоит из двух звеньев, третье промежуточное звено, получим трехзвенные кинематические соединения (трексы), которые описываются формулой Малышева [8]:

$$W = 6n - 5p_5 - 4p_4 - 3p_3 - 2p_2 - p_1, \qquad (1)$$

где W - подвижность соединения, n - число подвижных звеньев, p_i - число пар соответствующих классов, от пятого до первого класса.

Ведем в формулу (1) $n=2$, т.к. подвижных звеньев два, получим

$$W = 12 - 5p_5 - 4p_4 - 3p_3 - 2p_2 - p_1. \qquad (2)$$

Обратимся к универсальной структурной системе [2]

$$\begin{cases} p = \tau = \tau + -1)n_{\tau-1} + ... + in_i + ... + 2n_2 + n_1, \\ n = 1 + n_{\tau-1} + ... + n_i + ... + n_2 + n_1 + n_0, \end{cases} \qquad (3)$$

где $p = p_5 + p_4 + p_3 + p_2 + p_1$,

n_i – число звеньев, добавляющих в цепь по i кинематических пар.

Будем рассматривать только случаи с $n_0=0$. Подставив во второе уравнение (3) $n = 2, n_0 = 0$, получим

$$n_{\tau-1} + ... + n_i + ... + n_2 + n_1 = 1. \qquad (4)$$

Найдем максимальное значение τ - угольника. Из первого уравнения (3) выразим τ

$$\tau = p - (\tau - 1)n_{\tau-1} - ... - in_i - ... - 2n_2 - n_1. \qquad (5)$$

Максимальное значение τ будет, если p будет максимальным, а $(\tau - 1)n_{\tau-1} - ... - in_i - ... - 2n_2 - n_1$ минимальным, это возможно при условии, что $n_1 = 1$, т. к. коэффициент будет минимальный и равен 1, откуда следует, что $n_{\tau-1} = ... = n_i = ... = n_2 = 0$.

Тогда уравнение (5) примет вид

$$\tau = p - 1. \qquad (7)$$

Очевидно, что $\tau_{max} = 12 - W - 1 = 11 - W$.

Трексы могут быть от второго до десятого вида, т.е. созданы из звеньев с τ=2, 3, 4, 5, 6, 7, 8, 9, 10. При τ=11 создать трексы невозможно, т.к. ни одно звено в подвижном соединении не может опереться на другое более чем пятью парами первого класса, иначе оно становится неподвижным [2].

Из системы уравнения (3) найдем необходимое количество кинематических пар в зависимости от вида (сложности τ – угольника) и подвида (n_i), полученные данные для положительных значений подвижности представим в таблице 1.

Таблица 1 – Количество кинематических пар в зависимости от вида и подвида трекса

	$\tau = 2$	$\tau = 3$	$\tau = 4$	$\tau = 5$	$\tau = 6$	$\tau = 7$	$\tau = 8$	$\tau = 9$	$\tau = 10$
n_1	$p = 3$	$p = 4$	$p = 5$	$p = 6$	$p = 7$	$p = 8$	$p = 9$	$p = 10$	$p = 11$
n_2		$p = 5$	$p = 6$	$p = 7$	$p = 8$	$p = 9$	$p = 10$	$p = 11$	
n_3			$p = 7$	$p = 8$	$p = 9$	$p = 10$	$p = 11$		
n_4				$p = 9$	$p = 10$	$p = 11$			
n_5					$p = 11$				

Уточненные решения трексов с положительной подвижностью приведены в таблицах 2-5.

Таблица 2 – Виды трексов при τ=2, p=3

Подвижность соединения, W	Используемые кинематические пары
9	$3p_1$;
8	$p_2\, 2p_1$;
7	$p_3\, 2p_1$; $2p_2\, p_1$;
6	$p_4\, 2p_1$; $p_3\, p_2\, p_1$; $3p_2$;
5	$p_5\, 2p_1$; $p_4\, p_2\, p_1$; $2p_3\, p_1$; $p_3\, 2p_2$;
4	$p_5\, p_2\, p_1$; $p_4\, p_3\, p_1$; $p_4\, 2p_2$; $2p_3\, p_2$;
3	$p_5\, p_3\, p_1$; $2p_4\, p_1$; $p_5\, 2p_2$; $3p_3$; $p_4\, p_3\, p_2$;
2	$p_5\, p_4\, p_1$; $p_5\, p_3\, p_2$; $2p_4\, p_2$; $p_4\, 2p_3$;
1	$2p_5\, p_1$; $p_5\, p_4\, p_2$; $p_5\, 2p_3$; $2p_4\, p_3$.

Таблица 2 – Виды трексов при р=4, p=5

Подвижность соединения, W	Используемые кинематические пары при p=4	Используемые кинематические пары при p=5
8	$4p_1$;	
7	$p_2\,3p_1$;	$5p_1$;
6	$2p_2\,2p_1$; $p_3\,3p_1$;	$p_2\,4p_1$;
5	$p_3\,p_2\,2p_1$; $p_4\,3p_1$; $3p_2\,p_1$;	$2p_2\,3p_1$; $p_3\,4p_1$;
4	$4p_2$; $p_3\,2p_2\,p_1$; $p_4\,p_2\,2p_1$; $p_5\,3p_1$;	$3p_2\,2p_1$; $p_3\,p_2\,3p_1$; $p_4\,4p_1$;
3	$p_3\,3p_2$; $2p_3\,p_2\,p_1$; $p_4\,2p_2\,p_1$; $p_4\,p_3\,2p_1$; $p_5\,p_2\,2p_1$;	$4p_2\,p_1$; $p_3\,2p_2\,2p_1$; $p_4\,p_2\,3p_1$; $p_5\,4p_1$;
2	$2p_3\,2p_2$; $3p_3\,p_1$; $p_4\,3p_2$; $p_4\,p_3\,p_2\,p_1$; $2p_4\,2p_1$; $p_5\,2p_2\,p_1$;	$5p_2$; $p_3\,3p_2\,p_1$; $p_4\,2p_3\,2p_2$; $p_4\,p_3\,3p_1$; $p_5\,p_2\,3p_1$;
1	$3p_3\,p_2$; $p_4\,p_3\,2p_2$; $p_4\,2p_3\,p_1$; $2p_4\,p_2\,p_1$; $p_5\,3p_2$;	$p_3\,4p_2$; $p_4\,3p_2\,p_1$; $p_4\,p_3\,p_2\,2p_1$; $p_5\,2p_2\,2p_1$.

Таблица 3 – Виды трексов при p=6, p=7

Подвижность соединения, W	Используемые кинематические пары при p=6	Используемые кинематические пары при p=7
6	$6p_1$;	
5	$p_2\,5p_1$;	$7p_1$;
4	$2p_2\,4p_1$; $p_3\,5p_1$;	$p_2\,6p_1$;
3	$3p_2\,3p_1$; $p_3\,p_2\,4p_1$; $p_4\,5p_1$;	$2p_2\,5p_1$; $p_3\,6p_1$;
2	$4p_2\,2p_1$; $p_3\,2p_2\,3p_1$; $p_4\,p_2\,4p_1$; $p_5\,5p_1$;	$3p_2\,4p_1$; $p_3\,p_2\,5p_1$; $p_4\,6p_1$;
1	$5p_2\,p_1$; $p_3\,3p_2\,2p_1$; $p_4\,2p_2\,3p_1$; $p_4\,p_3\,4p_1$; $p_5\,p_2\,4p_1$;	$4p_2\,3p_1$; $p_3\,2p_2\,4p_1$; $p_4\,p_2\,5p_1$; $p_5\,6p_1$.

Таблица 4 – Виды трексов при p=8, p=9

Подвижность соединения, W	Используемые кинематические пары при p=8	Используемые кинематические пары при p=9
4	$8p_1$;	
3	$p_2\,7p_1$;	$9p_1$;
2	$2p_2\,6p_1$; $p_3\,7p_1$;	$p_2\,8p_1$;
1	$3p_2\,5p_1$; $p_3\,p_2\,6p_1$; $p_4\,7p_1$;	$2p_2\,7p_1$; $p_3\,8p_1$.

Таблица 5 – Виды трексов при p=10, p=11

Подвижность соединения, W	Используемые кинематические пары при p=10	Используемые кинематические пары при p=11
2	$10p_1$;	
1	$p_2\,9p_1$;	$11p_1$.

В практике подобные соединения уже применяются в виде промежуточных тел, на трексы получены патенты РФ [9,10]. В дальнейшем ставится задача провести кинематическое исследования трексов, что даст возможность более широкого применения их в промышленности.

Список литературы

1. Дворников Л.Т. Основы теории кинематических пар / Л.Т.Дворников, Э.Я. Живаго. – Новокузнецк: СибГИУ, 1999. – 102с.
2. Дворников Л.Т. К проблеме синтеза многоподвижных соединений звеньев механических систем // Материалы одиннадцатой научно-практической конференции по проблемам механики и машиностроения, Новокузнецк: СибГИУ. – 2001. – С. 9-21.
3. Дворников Л.Т. Основы теории трехзвенных механизмов и соединений / Л.Т. Дворников, М.Г. Попугаев // МашиноСтроение. – 2011. – №21. – С. 38-60.
4. Попугаев М.Г. Разработка методов структурного синтеза трехзвенных механизмов : автореф. дис. на соиск. учен. степ. канд. тех. наук ; Омский гос. техн. ун-т. – Омск, 2011. – 16с.
5. Попугаев М.Г. К вопросу о структурном синтезе трехзвенных кинематических соединений / М.Г. Попугаев, Л.Т. Дворников // Современные проблемы теории машин. – 2013. – №1. – С. 25-26.
6. Попугаев М.Г. К вопросу о структурном синтезе трехзвенных механизмов / М.Г. Попугаев, Л.Т. Дворников // МашиноСтроение. – 2009. – №19. – С. 42-51.
7. Popugaev M. G. On the Classification of Three-Link Mechanisms / M. G. Popugaev, L. T. Dvornikov // Advanced Materials Research. – 2014. – Vol. 1040. – P. 690-693. doi:10.4028/www.scientific.net/AMR.1040.690 eid 2-s2.0-84913556580
8. Малышев А.П. Теория механизмов и машин: учебник для втузов / А.П. Малышев. – М.: Госуд. изд-во легкой промышленности, 1933. – 468 с.
9. Пат. 2332600 РФ, МПК6 F16H 25/00, F16H 21/02, F16S 5/00. Трехзвенное кинематическое соединение (Трекс) с шестью относительными движениями / Дворников Л.Т., Попугаев М.Г.; – №2007108182/11; приоритет от. 05.03.2007; опубл. 27.08.2008, Бюл. №24.
10. Пат. 2375619 РФ, МПК6 F16H 25/00, F16S 5/00. Трехзвенное кинематическое соединение (Трекс) с семью относительными движениями/Дворников Л.Т., Попугаев М.Г.; – №2008139756/11; приоритет от 06.10.2008; опубл. 10.12.2009, Бюл. №34.

UPDATE TO THREE STRUCTURAL SYNTHESIS OF KINEMATIC JOINT
Popugaev M.G.

Keyword: kinematic joint, kinematic pair, three-link mechanism.
Abstract. The article describes the algorithm for searching three-link kinematic joints. Presented by the full composition of solutions for trex positive mobility.

References
1. Dvornikov L.T. Osnovy teorii kinematicheskix par / L.T.Dvornikov, E'.Ya. Zhivago.- Novokuzneck: SibGIU, 1999. – 102s.
2. Dvornikov L.T. K probleme sinteza mnogopodvizhnyx soedinenij zven'ev mexanicheskix sistem/ L.T. Dvornikov// Materialy odinnadcatoj nauchno-prakticheskoj konferencii po problemam mexaniki i mashinostroeniya, Novokuzneck: SibGIU. – 2001. – S. 9-21.
3. Dvornikov L.T. Osnovy teorii trexzvennyx mexanizmov i soedinenij / L.T. Dvornikov, M.G. Popugaev // MashinoStroenie. – 2011. – №21. – S. 38-60.
4. Popugaev M.G. Razrabotka metodov strukturnogo sinteza trexzvennyx mexanizmov : avtoref. dis. na soisk. uchen. step. kand. tex. nauk / Popugaev M.G. ; Omskij gos. texn. un-t. – Omsk, 2011. 16s.
5. Popugaev M.G. K voprosu o strukturnom sinteze trexzvennyx kinematicheskix soedinenij / M.G. Popugaev, L.T. Dvornikov // Sovremennye problemy teorii mashin 2013. №1. s. 25-26
6. Popugaev M.G. K voprosu o strukturnom sinteze trexzvennyx mexanizmov / M.G. Popugaev, L.T. Dvornikov // MashinoStroenie. – 2009. – №19. – S. 42-51.
7. Popugaev M. G. On the Classification of Three-Link Mechanisms / M. G. Popugaev, L. T. Dvornikov // Advanced Materials Research. – 2014. – Vol. 1040. - P. 690-693 doi:10.4028/www.scientific.net/AMR.1040.690 eid 2-s2.0-84913556580
8. Malyshev, A.P. Teoriya mexanizmov i mashin: uchebnik dlya vtuzov / A.P. Malyshev.- M.:Gosud. izd-vo legkoj promyshlennosti, 1933.- 468s.
9. Pat. 2332600 RF, MPK6 F16N 25/00, F16N 21/02, F16S 5/00. Trexzvennoe kinematicheskoe soedinenie (Treks) s shest'yu otnositel'nymi dvizheniyami / Dvornikov L.T., Popugaev M.G.; - № 2007108182/11; prioritet ot. 05.03.2007; opubl. 27.08.2008, Byul. №24.
10. 10. Pat. 2375619 RF, MPK6 F16N 25/00, F16S 5/00. Trexzvennoe kinematicheskoe soedinenie (Treks) s sem'yu otnositel'nymi dvizheniyami/Dvornikov L.T., Popugaev M.G.; -№ 2008139756/11; prioritet ot 06.10.2008; opubl. 10.12.2009, Byul. №34.

УДК 621.833с

РАЗБИВКА ПЕРЕДАТОЧНОГО ЧИСЛА ДВУХСТУПЕНЧАТОГО ЧЕРВЯЧНОГО РЕДУКТОРА ПО СТУПЕНЯМ

Шевченко С.В.[1], Муховатый А.А.[1], Кроль О.С.[2]
[1]*Луганский государственный университет им. В.Даля, Луганск;*
[2]*Восточноукраинский национальный университет им. В. Даля, Северодонецк*

Ключевые слова: равнопрочность, редуктор, ступень, передаточное число, показатель, зависимость.

Аннотация. Разбивка общего передаточного числа двухступенчатого червячного редуктора рассмотрена с позиции 3-х критериев – максимального КПД, равнопрочности ступеней и минимальной массы редуктора. Даны соответствующие рекомендации для практического проектирования.

От выбора передаточных чисел быстроходной (u_I) и тихоходной (u_{II}) ступеней двухступенчатого червячного редуктора (Ч2) зависят его масса, коэффициент полезного действия (КПД), степень нагруженности каждой ступени. Имеющаяся в научных публикациях информация не содержит однозначного решения по данной тематике. Так, в работе [1] общее передаточное число редуктора $u = u_I \cdot u_{II}$ предлагается разбивать по критерию максимального КПД редуктора Ч2 с одинаковыми значениями u_I и u_{II}, то есть: $u_I = u_{II} = u^{0,5}$.

Эта рекомендация, как показывают расчеты, не обеспечивает $\eta = \eta_{max}$ для всего диапазона $u \approx [125...2500]$. В справочнике [2] приводится более развернутый анализ влияния разбивки u по ступеням и предложены 4 ряда сочетаний u_I и u_{II} (для фиксированных значений u), которые можно свести к следующему: $u_I \approx [u^{0,35}...u^{0,65}]$.

Постановку задачи сформулируем следующим образом – проанализировать возможность оптимальной разбивки u редуктора Ч2 по ступеням по следующим критериям:

1) по максимальному КПД редуктора;
2) по равнопрочности ступеней;
3) по минимальной массе редуктора.

1. Максимальный КПД редуктора

КПД, как характеристика энергозатратности механизма, является важнейшим технико-экономическим показателем редуктора. Для двухступенчатого редуктора

$$\eta = \eta_I \cdot \eta_{II}, \tag{1}$$

$$\eta_i \approx 4 \cdot \frac{u_i}{u} \cdot \frac{u - 4 \cdot u_i \cdot f_i'}{u \cdot f_i' + 4 \cdot u_i}, \ (i = \mathrm{I}, \mathrm{II}) \tag{2}$$

где η_i – КПД i-той ступени редуктора Ч2.

Выражение (2) получено из известной зависимости для КПД в зацеплении червячной передачи

$$\eta_{зau} = tg\gamma / tg(\gamma + \varphi')$$

после соответствующих преобразований с учетом принятого в силовых передачах соотношения $z_2 / q \approx 4$.

Параметр $f_i' = tg\varphi_i'$ в формуле (2) обозначает приведенный коэффициент трения в зацеплении i-той ступени редуктора Ч2, выраженный через приведенный угол трения φ_i'. Как показывает расчетная практика, скорость скольжения червяка в быстроходной ступени $V_{S(I)} > 4м/с$, а в тихоходной ступени – $V_{S(II)} < 4м/с$. Это приводит к тому, что зубья червячного колеса быстроходной ступени изготавливаются их оловянистой бронзы, а тихоходной ступени – из безоловянистой бронзы или латуни. По этой причине расчеты проводились для следующих величин f_I' и f_{II}', [1]:

$$f_I' = 0,016; \quad f_{II}' = 0,035.$$

Критериальная зависимость (рис.1) для $\eta = \eta(u_I)$ получается из выражения (1) с учетом (2) и соотношения $u_{II} = u/u_I$:

$$\eta = \eta(u_I) = \frac{16}{u} \cdot \frac{(u_I - 4 \cdot f_I') \cdot (u - 4 \cdot f_{II}' \cdot u_I)}{(f_I' \cdot u_I + 4) \cdot (f_{II}' \cdot u + 4 \cdot u_I)}. \tag{3}$$

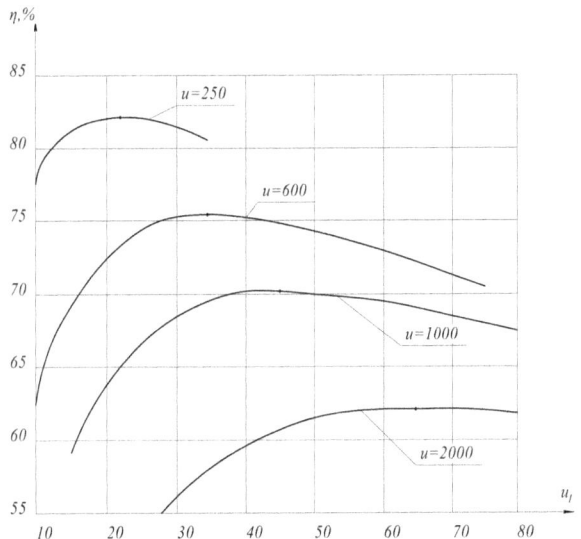

Рис. 1 – Зависимость КПД от передаточного числа быстроходной ступени

Исследование функционала (3) на экстремум: $\partial\eta(u_I)/\partial u_I = 0$, показало, что при определенном сочетании u_I и $u_{II} = u/u_I$ существует максимум КПД, то есть $\eta = \eta(u_I) = \eta_{max}$. Это подтверждают графики $\eta = \eta(u_I)$, представленные на рис. 1. Для удобства практического использования результатов проведенного исследования предлагается зависимость $u_I = u_I(u)$, позволяющая реализовать для заданного передаточного числа редуктора u его максимальный КПД:

$$u_I = 1{,}16 \cdot u^{0{,}53}, \qquad (4)$$

соответственно $u_{II} = u / u_I$.

Разница в значениях КПД, посчитанных при $u_I = u_I(u)$ по (4) и по рекомендации [1], составляет 1...1,5%, причем, КПД при u_I по (4) больше, чем по [1]. Таким образом, уравнение (4) совместно с $u_{II} = u / u_I$ позволяют получить оптимальные значения передаточных чисел ступеней u_I и u_{II} редуктора Ч2 для заданного u, при которых его КПД будет максимальным.

2. Равнопрочность ступеней

Равнопрочность ступеней любого многоступенчатого редуктора является показателем рационального использования всех входящих в него передач. Критерий равнопрочности редуктора Ч2 рассмотрим исходя из условия контактной выносливости зубьев червячных колес, которое, как правило, является лимитирующим фактором для червячных передач общего назначения:

$$[\sigma_H]_I^2 \cdot a_{WI}^3 / u_I = [\sigma_H]_{II}^2 \cdot a_{WII}^3 / (u \cdot \eta_{II}). \qquad (5)$$

Зависимость (5) является результатом приравнивания крутящего момента на первом валу редуктора Ч2, полученному из контактной выносливости I-ой ступени при $\sigma_{H(I)} = [\sigma_H]_I$, к крутящему моменту на том же валу, но по контактной выносливости II-ой ступени при $\sigma_{H(II)} = [\sigma_H]_{II}$.

Решение уравнения (5) относительно u_I дает линейную функцию:

$$u_I(u) = C \cdot u. \qquad (6)$$

Здесь $C = 0{,}25 \cdot \dfrac{4 \cdot C_\sigma^2 \cdot C_a^3 - f_{II}'}{4 \cdot C_\sigma^2 \cdot C_a^3 \cdot f_{II}' + 1} \cdot u = const$, $\qquad (7)$

где $C_\sigma = [\sigma_H]_I / [\sigma_H]_{II}$; $\quad C_a = a_{WI} / a_{WII}$.

С учетом особенностей I-й и II-й ступеней редуктора Ч2, о чем было сказано в п.1, в расчете константы C_σ было принято:

$$[\sigma_H]_I = 135 \, МПа; \quad [\sigma_H]_{II} = 175 \, МПа.$$

Для константы $C_a = a_{WI} / a_{WII}$ использовались значения, рекомендованные в [2]: $C_a = [0{,}4; \ 0{,}5; \ 0{,}63]$. Результаты вычислений по формулам (6) и (7) для различных передаточных чисел редуктора Ч2 представлены в табл. 1.

Таблица 1 – Результаты вычислений по формулам (6) и (7)

u	250	600	1000	1500	2500
u_I	16,3	39	65	-	-

Примечания. 1. Табличные передаточные числа u_I рассчитаны для $C_a = a_{WI} / a_{WII} = 0,5$, указанного в [2] как предпочтительное значение для редукторов Ч2 общепромышленного применения.

2. На месте прочерков величина $u_I > 80$, что не рекомендуется для силовых червячных передач.

3. Минимальная масса редуктора

Так как масса редуктора и его объем связаны линейной регрессионной зависимостью при высоком коэффициенте корреляции, задачу минимизации массы редуктора Ч2 можно свести к минимизации его объема $V = H \cdot L \cdot B$, рис. 2. Параметры H, L, B определяют габариты передач редуктора Ч2 (габаритные размеры всего редуктора в данной постановке задачи не требуются, так как они функционально зависят от размеров передач H, L, B).

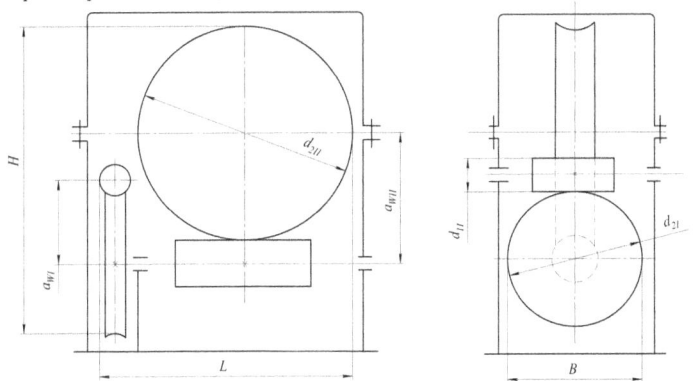

Рис. 2 – Схема червячного двухступенчатого червячного редуктора

Из рис. 2 следует:
$$H = 0,5 \cdot (d_{2I} + d_{2II}) + a_{WII}; \quad L = 1,1 \cdot d_{2II} + d_{1I}; \quad B = d_{2I},$$
здесь $d_{2I} = 1,6 \cdot a_{WI}$; $d_{2II} = 1,6 \cdot a_{WII}$; $d_{1I} = 0,4 \cdot a_{WI}$.

В результате:
$$V = H \cdot L \cdot B = 0,064 \cdot (4 \cdot a_{WI} + 9 \cdot a_{WII}) \cdot (2 \cdot a_{WI} + 8,8 \cdot a_{WII}) \cdot a_{WI}. \ (8)$$

Исследование функции (8) показало, что с ростом значений u_I (при заданном $u = const$ и соответствующем снижении $u_{II} = u/u_I$) межосевые расстояния a_{WI} и a_{WII} изменяются разнонаправлено, а объем $V = V(u_I)$ является монотонно возрастающей функцией, не имеющей экстремума. То есть, не существует оптимальных значений u_I и u_{II}, при которых $V = V_{min}$. Поскольку оптимальная разбивка u редуктора Ч2 по критерию $V = V_{min}$ в математическом смысле не возможна, ограничить габариты редуктора Ч2 в некоторой степени можно, назначая значения u_I, близкие к минимально рекомендуемым для силовых червячных передач, что позволит в определенной мере ограничить размеры и массу редуктора.

При этом, естественно, значение $u_{II} = u/u_I$ не должно превышать $u_{(max)} = 80$.

Выводы

1) Получена аналитическая зависимость (4) для нахождения оптимальных значений передаточных чисел двух ступеней редуктора Ч2 по критерию максимального КПД редуктора.

2) Оптимизация разбивки общего передаточного числа редуктора Ч2 по критерию равнопрочности ступеней, формулы (7) и (8), возможна до значения $u \le 1100$, при котором не нарушается рекомендуемый предел передаточного числа в каждой ступени $u_i \le u_{i(max)} = 80$, ($i = I, II$).

3) Отсутствие экстремума у функции объема редуктора $V = V(u_I)$ не позволяет найти оптимальные u_I и u_{II} по критерию минимума массы редуктора Ч2. Целесообразно руководствоваться рекомендацией общего характера: чем меньше значение u_I, тем меньше масса редуктора Ч2.

Список литературы

1. Проектирование механических передач /С.А. Чернавский, Г.А. Снесарев, Б.С. Козинцов и др. – М.: Машиностроение, 1984. – 560 с.
2. Левитан Ю.В. Червячные редукторы: Справочник / Ю.В. Левитан, В.П. Обморнов, В.И. Васильев.– Л.: Машиностроение, 1985.– 168 с.
3. Машиностроение. Энциклопедия: В 40 т. Т. IV-1. Детали машин. Конструкционная прочность. Трение, износ, смазка / Под общ. ред. Д.Н. Решетова. М.: Машиностроение, 1995. – 864 с.
4. Часовников Л.Д. Передачи зацеплением. – М.: Машиностроение, 1969. – 486 с.
5. Атлас конструкций узлов и деталей машин / Б.А. Байков, А.В. Клыпин, И.К. Ганулич и др. – М.: Изд-во МГТУ им. Н.Э. Баумана, 2007. – 384 с.

BREAKDOWN GEAR RATIO TWO-STAGE WORM REDUCER ON STAGE
Shevchenko S.V., Muhovaty A.A., Krol O.S.

Keywords: strength balance, gear, stage, gear ratio, indicator of dependence.
Abstract. A breakdown of the overall transmission ratio two-stage worm gear viewed from the perspective of 3 criteria - maximum efficiency, equal strength levels and the minimum weight of the gearbox. Given appropriate recommendations for practical design.

References

1. Proektirovanie mekhanicheskikh peredach /S.A. Chernavskii, G.A. Snesarev, B.S. Kozintsov i dr. – M.: Mashinostroenie, 1984. – 560 s.
2. Levitan Iu.V. Cherviachnye reduktory: Spravochnik / Iu.V. Levitan, V.P. Obmornov, V.I. Vasil'ev.– L.: Mashinostroenie, 1985.– 168 s.
3. Mashinostroenie. Entsiklopediia: V 40 t. T. IV-1. Detali mashin. Konstruktsionnaia prochnost'. Trenie, iznos, smazka / Pod obshch. red. D.N. Reshetova. M.: Mashinostroenie, 1995. – 864 s.
4. Chasovnikov L.D. Peredachi zatsepleniem. – M.: Mashinostroenie, 1969. – 486 s.
5. Atlas konstruktsii uzlov i detalei mashin / B.A. Baikov, A.V. Klypin, I.K. Ganulich i dr. – M.: Izd-vo MGTU im. N.E. Baumana, 2007. – 384 s.

UDC 621.313.3

AUTOREGULATOR`S WORK PARAMETERS OF BRAKE SYSTEMS DURING UNWINDING OF ECCENTRIC MODEL OF WARPING PACKING

Djamankulov A.K.
Kyrgyz-Russian Slavic University, Bishkek

Keywords: the eccentric model, unwinding, winding crown density, yarn tension, radial ply, the linear velocity of the yarn, the current radius and moment of inertia of warping package, the angular velocity of roll warping.

Abstract. the brake moment and its law of change is considered in the function of unwinding radius of warping roller taking into account dynamic descriptions with the purpose of terms determination for suuport of permanent yarn tension during unwinding process.

The study mechanics of the unwinding roll and the dynamics of unwinding mechanisms are indispensable to development of tension control system and for ensure high-quality yarn transportation.

During the threads winding of the warp, the roller mass is reduced towards to time, this leads to uneven yarn tension. Thus, to study the work of the sizing machine mechanisms, it is neccesary take into account the effect of the masses variability.These variables values include not only mass of warping package, but such values as the radius of the winding, the moment of inertia and others.

It should be noted that substantial changing of the mechanical parameters such systems as winding mechanisms lead to changing the roll radius, and with it the mass and moment of inertia, thus there is an increase the speed of rotating parts of the package warping mechanism. Consequently, the main objectives of regulating the braking system of the warping package are: the calculation of the moment of inertia, and the calculation the dynamic components which occurs under the influence of warping unwinding roller [1].

To solving the problem of the mass variability warping roller, it is necessary to adopt a particular model of winding.

There are two possible winding model in warping machine type СП [2]: the first model - the winding radius is constantly changing according to the law of Archimedes spiral (we assume perfect winding). In the second model - the winding radius is constant until the winding roller is rotated at 360 °, then the winding radius increases by leaps and bounds on the thickness (diameter) of the thread (call - eccentric winding) (Figure 1).

Consider the law of brake moment changing, applied to the trunk of a warping roller for eccentric winding pattern of the warping roller. We believe that the mass changing occurs continuously, but without impact [3].

Current radius of the rewinding warp yarns, given by the formula [3]:

$$R = R_0 - \frac{zT\sqrt{3} \cdot C_n^2}{4\pi H \cdot 10^5} \cdot \varphi, \tag{1}$$

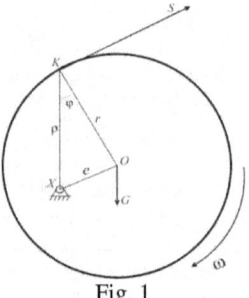

Fig. 1

where R_0 – the radius of the warping roller with yarn at the beginning of the unwinding; z – the number of threads in the warping roller; T – yarn thickness (*tex*); C_n –constant factor (for cotton yarn $C_n = 1,2s$ [4]); $\gamma = 1/C_n^2$; γ – specific density of winding; φ –rotation angle of the roller warping.

The equation for the dynamics of rotational motion of the warping roller as follows:

$$M = J \frac{d\omega}{dt} + \frac{\omega^2}{2} \cdot \frac{dJ}{d\varphi}, \tag{2}$$

where M – dynamic moment which occurs under the influence of warping unwinding roller; J – moment of inertia of the warping roller with yarn; ω – the angular velocity of warping roll.

As stated in [5], rotation axis of the warping roller O is offset relative to its geometrical axis O_1 by the amount of eccentricity e (Figure 1). Due to the smallness of the ratio e/ρ, we assume that the current radius - vector ρ drawn from the center of rotation to the point of warping roller winder K, determining by expression:

$$\rho = R + e \cos\varphi, \tag{3}$$

where φ - rotation angle of the warping roller around its axis of rotation.

In view of the assumptions and in accordance with Figure 1, moment of inertia of warping roller J_0 can be calculated using the formula:

$$J_0 = J_{01} + me^2 = \frac{me^2}{2} + me^2 = \frac{m}{2}\left(R^2 + 2e^2\right), \tag{4}$$

where J_0 и J_{01} - moments of inertia of the Warping roller relative to the rotational axis O и O_1;

Value J_{01} is the total moment of inertia, which is the sum of the fixed and variable components relative to the rotational axis O_1:

$$J_{01} = J_{\scriptscriptstyle H} + \frac{\pi\gamma H}{2g}\left(R^4 - R_{\min}^4\right) + me^2, \tag{5}$$

or taking into account $m = \frac{\pi\gamma H}{g} \cdot R^4$

$$J_0 = J_{\scriptscriptstyle H} + \frac{\pi\gamma H}{g}\left[\frac{\left(R^4 - R_{\min}^4\right)}{2} + R^4 e^2\right], \tag{6}$$

where I_{H} – constant component of the total moment of inertia.

At the same time, the linear speed of the warp θ at the point of separation from the surface of the winding in the first approximation is given by:

$$\theta \approx \omega\rho. \quad (7)$$

Determining from (7) the angular velocity, and taking from it the derivative towards to time, we get:

$$\omega \approx \frac{\theta}{\rho}, \quad \frac{d\omega}{dt} = \frac{R\dfrac{d\theta}{dt} - \theta\dfrac{d\rho}{dt}}{\rho^2} = \frac{a}{\rho} - \frac{\theta}{\rho^2}\cdot\frac{d\rho}{dt}, \quad (8)$$

In the case of steady motion mode when the warp threads have a constant speed $a = 0$, the expression (8) takes the form

$$\frac{d\omega}{dt} = -\frac{\theta}{\rho^2}\cdot\frac{d\rho}{dt}, \quad (9)$$

where from formula (3) to determine the current radius – vector

$$\frac{d\rho}{dt} = \frac{dR}{dt} - e\sin\varphi\cdot\frac{d\varphi}{dt}, \quad (10)$$

bearing in mind that

$$\frac{dR}{dt} = \frac{dR}{d\varphi}\cdot\frac{d\varphi}{dt} = \omega\frac{dR}{d\varphi} = \frac{\theta}{\rho}\cdot\frac{dR}{d\varphi}$$

from formula (1)

$$\frac{dR}{d\varphi} = -\frac{zT\sqrt{3}\cdot C_n^2}{4\pi H\cdot 10^5}, \text{ we find}$$

$$\frac{dR}{dt} = -\frac{\theta}{\rho}\cdot\frac{zT\sqrt{3}\cdot C_n^2}{4\pi H\cdot 10^5}. \quad (11)$$

Then (10) with (11) has the form

$$\frac{d\rho}{dt} = -\frac{zT\sqrt{3}\cdot C_n^2}{4\pi H\cdot 10^5}\cdot\frac{\theta}{\rho} - e\omega\sin\varphi,. \quad (12)$$

or, given that $\omega \approx \dfrac{\theta}{\rho}$:

$$\frac{d\rho}{dt} = -\frac{zT\sqrt{3}\cdot C_n^2}{4\pi H\cdot 10^5}\cdot\frac{\theta}{\rho} - e\cdot\frac{\theta}{\rho}\cdot\sin\varphi,. \quad (13)$$

Hence the expression (9) with (12) will have form:

$$\frac{d\omega}{dt} = \frac{\theta^2}{\rho^3}\left(\frac{zT\sqrt{3}\cdot C_n^2}{4\pi H\cdot 10^5} - e\sin\varphi\right). \quad (14)$$

Since according to (3) $\rho = R + e\cos\varphi$, from (14) we have

$$\frac{d\omega}{dt} = \frac{\theta^2}{(R + e\cos\varphi)^3}\left(\frac{zT\sqrt{3}\cdot C_n^2}{4\pi H\cdot 10^5} + e\sin\varphi\right). \quad (15)$$

Using the dynamic equation (1), and substituting him (15), and taking into account (6), after transformations we have:

$$M = J_0\left(\frac{\theta^2}{(R + e\cos\varphi)^3}\cdot L + \frac{\theta^2}{(R + e\cos\varphi)^3}\cdot e\sin\varphi\right) - \frac{dJ_0}{dR}\cdot\frac{\theta^2}{2\rho^2}\cdot L, \quad (16)$$

or given $\dfrac{dJ_0}{dR} = \dfrac{2\pi R^3 \gamma H}{g} \cdot \left(1+2e^2\right)$,

$$M = J_0 \left[\dfrac{\theta^2 \left(L + e\sin\varphi\right)}{\left(R + e\cos\varphi\right)^3} \right] - \left[\dfrac{\theta^2 \pi \gamma H R^3}{\rho^2 g} \cdot \left(1+2e^2\right) \right] \cdot L. \qquad (17)$$

where $L = \dfrac{zT\sqrt{3} \cdot C_n^2}{4\pi H \cdot 10^5}$.

From the expression (16) it follows that a change of the angular velocity for the eccentric model is required another component $\dfrac{\theta^2}{\left(R + e\cos\varphi\right)^3} \cdot e\sin\varphi$, which is subject to a harmonic law and therefore within one turn of warping roller it changes direction. Thus, during one revolution of the warping roller, this component is either driving or braking.

As mentioned above, one of the main requirements for the unwinding roll warping, is to ensure the constancy of tension warp threads. This tension value should be minimal, but sufficient for the passage of warp threads through the adhesive trough without entanglement of filaments embedding on rollers.

For this purpose, the sizing rollers rack of the warping machine equipped with braking devices (autoregulator), which should provide the above-mentioned requirements, by braking.

Conditions of constant yarn tension at a constant speed of unwinding, analytically [4] can be expressed as follows:

$$F_t = \left(M_T + M_{II} + M\right)\dfrac{1}{\rho} = const, \qquad (18)$$

where M_T – moment developed by the brake; M_u – the moment of friction in the pin;

$$M_{II} = \left[G_0 + \pi\gamma H \left(R^4 - R_{\min}^4\right) \right] f \cdot r_{II} \qquad (19)$$

where G_0 – empty weight of warping roller; f – friction coefficient in the pins; r_p – pin radius.

Substituting the value of M_u (19) and M (17) to (18), and assuming that $\rho \approx R$, we get:

$$M_T = F_t R - J_0 \left[\dfrac{\theta^2 \left(L + e\sin\varphi\right)}{\left(R + e\cos\varphi\right)^3} \right] - \left[\dfrac{\theta^2 \pi \gamma H R^3}{\rho^2 g} \cdot \left(1+2e^2\right) \right] \cdot L -$$
$$-\left[G_0 + \pi\gamma H \left(R^2 - R_{\min}^2\right) \right] f \cdot r_{II}, \qquad (20)$$

The analysis shows that to ensure the constancy of the threads tension when unwinding roller, whose center of gravity does not coincide with the axis of rotation, it is necessary to apply a moment M_T, braking warping roller and adjust this value as the radius changes as the unwinding, and the angle of rotation.

As you can see, the task of regulating the yarn tension in the process of unwinding rolls if that has the eccentricity is very complicated. It is therefore advisable for each warping roller produce static balancing and only then install them on the rack of the sizing machine.

The values of the braking moment obtained by analytical method, have been used to development calculation methods of automatic regulators which has brake devices, to ensure consistency of yarn tension during unwinding of warping package.

References

1. Meshcheryakov V.N., Usov S.V. The observing device in a control system of coil winder. Electrical systems and management systems number 1/2011.
2. Djamankulov K.D. The stabilization process of winding and unwinding yarn warping and sizing machines. - Dis. ... Doctor. tehn. Sciences: 05.19.03 - Kostroma: KTI, 1990 - 442 p.
3. Schukin P.M. The main directions in the design of sizing machines. - M .: Mashgiz, 1962 - 142 p.
4. Machover V.L. The warp tension on the racks of the sizing machines. - Yaroslavl: Ivanovo Textile Institute. Frunze M.V., 1977. - 158 p.
5. Tyurin A.A.Construction and calculation of printing machines, book IV. Rotary printing machines. - M .: Art, 1954. - 383 p.

ПАРАМЕТРЫ РАБОТЫ АВТОРЕГУЛЯТОРА ТОРМОЗНЫХ СИСТЕМ ПРИ РАЗМОТКЕ ЭКСЦЕНТРИЧНОЙ МОДЕЛИ СНОВАЛЬНОЙ ПАКОВКИ
Джаманкулов А.К.

Ключевые слова: сновальный валик, процесс размотки, наятжение нити, эксцентричная модель, тормозной момент

Аннотация: Рассмотрен закон изменения тормозного момента в функции радиуса размотки сновального валика с учетом динамических характеристик для эксцентричной модели сновальной паковкис целью определения необходимых условий для поддержания постоянного натяжения пряжи в процессе размотки

Список литературы
1. Мещеряков В.Н. Усов С.В. Наблюдающее устройство в системе управления намоточными механизмами // Электротехнические комплексы и системы управления. – 2011. – №1.
2. Джаманкулов К.Д. Стабилизация процесса наматывания и сматывания пряжи в сновальных и шлихтовальных машинах. – Дис. ... докт. техн. наук: 05.19.03 – Кострома: КТИ, 1990, - 442 с.
3. Щукин П.М. Основные направления в конструировании шлихтовальных машин. – М.: Машгиз, 1962, - 142 с.
4. Маховер В.Л. Натяжение нитей основы на стойках шлихтовальных машин. – Ярославль: Ивановский текстильный институт им. М.В. Фрунзе, 1977. – 158 с.
5. Тюрин А.А. Конструкции и расчет полиграфических машин, книга IV. Ротационные печатные машины. – М.: Искусство, 1954. – 383 с.

UDC 621.313.3

AUTOREGULATOR`S WORK PARAMETERS OF BRAKE SYSTEMS DURING UNWINDING OF PERFECT MODEL OF WARPING PACKING

Djamankulov A.K.
Kyrgyz-Russian Slavic University, Bishkek

Keywords: the perfect model, unwinding, winding crown density, yarn tension, radial ply, the linear velocity of the yarn, the current radius and moment of inertia of warping package, the angular velocity of roll warping.

Abstract. the brake moment and its law of change is considered in the function of unwinding radius of warping roller taking into account dynamic descriptions with the purpose of terms determination for suuport of permanent yarn tension during unwinding process.

One of the main requirements of the unwinding process of warping rollers on sizing machines, is to provide the constancy of yarn tension at a steady speed of unwinding. As is known, the yarn tension consistency in the process of unwinding is ensured by application of force to the brake pulley warping barrel roll. In the process of unwinding roller, at increasing rotation frequency, it is necessary to change the braking moment applied to the barrel roll for a certain law.

In theory, automatic control of the parameters of the warping roll rewinding , the most common are automatic regulators of brake systems, to compensate for the effect of the variable parameters of the mechanical system.

It should be noted that substantial changing of the mechanical parameters such systems as winding mechanisms lead to changing the roll radius, and with it the mass and moment of inertia, thus there is an increase the speed of rotating parts of the warping mechanism. Consequently, the main objectives of regulating the braking system of the warping package are: the calculation of the moment of inertia, and the calculation the dynamic components which occurs under the influence of warping unwinding roller [1].

Consider the variation of braking moment in the case when the center of gravity warping roller coincides with the Archimedean spiral pole (perfect winding, Figure 1). [2]

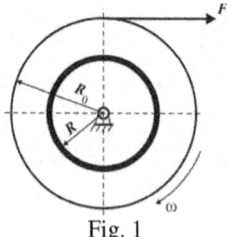

Fig. 1

In this case, (perfect winding) current radius, is determined by formula [2]

$$R = R_0 - \frac{zT\sqrt{3} \cdot C_n^2}{4\pi H \cdot 10^5} \cdot \varphi,$$ (1)

where R_0 – the radius of the warping roller with yarn at the beginning of the unwinding; z – the number of threads in the warping roller; T – yarn thickness (*tex*); C_n –constant factor (for cotton yarn $C_n = 1,25$ [3]); $\gamma = 1/C_n^2$; γ – specific density of winding; φ – angle of rotation of the roller warping.

The equation for the dynamics of rotational motion warping roller as follows:

$$M = J\frac{d\omega}{dt} + \frac{\omega^2}{2} \cdot \frac{dJ}{d\varphi}, \qquad (2)$$

where M – dynamic moment which occurs under the influence of warping unwinding roller; J - moment of inertia of the warping roller with yarn; ω – the angular velocity of roll warping.

Using (2) for analysis of the process of unwinding roll for this model, assuming that the separation of the mass of the warp threads occurs at a rate of unwinding point. We believe that the linear speed of the warp at the point of separation from the surface of the winding roller Warping (at unwinding) is determined by the formula:

$$\theta \approx \omega R, \qquad (3)$$

Moment of inertia of warping package J includes a constant moment of inertia of the rotating parts of the mechanism and the engine J_1, bringing to warping roller and the moment of inertia of unwinding roll of yarn J_2 which varies with radius of the warping package:

$$J = m \cdot r^2, \qquad (4)$$

where m – mass of the warping package;

$$m = \frac{\pi\gamma H}{g}\left(R^2 - R_{\min}^2\right), \qquad (5)$$

here H – width seating flange; R – the current radius of the warping roll; g – acceleration of gravity; r – radius of inertia of the package.

The square of the radius of the package:

$$r^2 = \frac{R^2 - R_{\min}^2}{2}. \qquad (6)$$

Then the total moment of inertia J and mass m of the warping package, forging are:

$$J = J_1 + \frac{\pi\gamma H}{2g}\left(R^4 - R_{\min}^4\right) \;;\; m = m_1 + \frac{\pi\gamma H}{g}\left(R^4 - R_{\min}^4\right) \qquad (7)$$

where m_1 - empty weight of the warping roller.

Determining from (3) the angular velocity, and taking from it the derivative towards to time, we get:

$$\omega \approx \frac{\theta}{R}, \quad \frac{d\omega}{dt} = \frac{R\dfrac{d\theta}{dt} - \theta\dfrac{dR}{dt}}{R^2}, \;\;.$$

Using the expression (1), we have:

$$\frac{dR}{dt} = -\frac{zT\sqrt{3}\cdot C_n^2}{4\pi H \cdot 10^5} \cdot \frac{d\varphi}{dt} = -\frac{zT\sqrt{3}\cdot C_n^2}{4\pi H \cdot 10^5} \cdot \frac{\theta}{R},, \qquad (8)$$

than $\qquad \dfrac{d\omega}{dt} = \dfrac{a}{R} + \dfrac{zT\sqrt{3}\cdot C_n^2}{4\pi H \cdot 10^5} \cdot \dfrac{\theta^2}{R^3}, \qquad (9)$

where a – linear acceleration of warp.

71

In the case of steady motion mode when the warp threads have a constant speed $a = 0$, the expression (9) takes the form

$$\frac{d\omega}{dt} = \frac{zT\sqrt{3}\cdot C_n^2}{4\pi H \cdot 10^5} \cdot \frac{\theta^2}{R^3}, \tag{10}$$

We give the equation (2) to the following form:

$$M = J\frac{d\omega}{dt} + \varphi\frac{dJ}{dt} - \frac{\omega^2}{2} \cdot \frac{dJ}{dR} \cdot \frac{dR}{d\varphi}, \tag{11}$$

or $\quad M = J\dfrac{d\omega}{dt} + \omega\dfrac{dJ}{dR} \cdot \dfrac{dR}{dt} - \dfrac{\omega^2}{2} \cdot \dfrac{dJ}{dR} \cdot \dfrac{dR}{d\varphi}, \tag{12}$

considering that, $\dfrac{dR}{d\varphi} = -\dfrac{zT\sqrt{3}\cdot C_n^2}{4\pi H \cdot 10^5},$, $\dfrac{dJ}{dR} = \dfrac{2\pi\gamma H}{g} \cdot R^3, \omega \approx \dfrac{\theta}{R},$, and substituting the

value of $\frac{d\omega}{dt}$ from (10) to (11), After the conversion, dynamic moment M becomes:

$$M = \left[J_1 + \frac{\pi\gamma H}{2g}\left(R^4 - R_{min}^4 \right) \right]\frac{\theta^2}{R^3} \cdot L - \frac{\pi R\gamma H\theta^2}{g} \cdot L. \tag{13}$$

where a permanent member $\quad L = \dfrac{zT\sqrt{3}\cdot C_n^2}{4\pi H \cdot 10^5}.$

Introducing the notation: $J_1 + \dfrac{\pi\gamma H}{2g}\left(R^4 - R_{min}^4 \right) = A$;

We have $\quad M = A \cdot \dfrac{\theta^2}{R^3} \cdot L - \dfrac{\pi R\gamma H\theta}{2g} \cdot L. \tag{14}$

As mentioned above, one of the main requirements for the unwinding roller is to ensure consistency tension warp threads. To achieve this condition, warping stand of sizing machine is equipped with a braking system, which should provide braking of the warping rollers by a certain law.

Conditions of constant yarn tension at a constant speed of unwinding, can be expressed analytically as follows:

$$F_t = \left(M_T + M_{II} + M \right)\frac{1}{R} = const, \tag{15}$$

M_T – moment developed by the brake; M_p – the moment of friction in the pin;

$$M_{II} = \left[G_0 + \pi\gamma H\left(R^4 - R_{min}^4 \right) \right] f \cdot r_u$$

where G_0 – empty weight of warping roller; f – friction coefficient in the pins; r_u – pin radius.

Substituting M_u and M to (15), the final expression for the braking moment applied to the brake pulley warping roller:

$$M_{II} = F_t R + A \cdot \frac{\theta^2}{R^3} \cdot L - \frac{\pi R\gamma H\theta^2}{g} \cdot L - \left[G_0 + \pi\gamma H\left(R^4 - R_{min}^4 \right) \right] f \cdot r_u \tag{16}$$

Let cotton yarn $T=25$ *tex* warp on the machine roll of СП-140 at $R_0 = 120$ *mm*, $G_0 \approx 92$ *kg*, $\gamma = 0.5 \, ^g/_{sm^2}$, $J_1 \approx 0.450 \, kg \cdot м^2$, $r_p = 10$ *mm* and $R = 120...130$ *mm*. In the process of winding warping roller total tension of the warp $F_t = 12$ *N* and the number of threads $z = 400$ then a single filament $F_{t1} = 0.03$ *N* . We believe that the pins are abundant lubrication $\gamma = 0.02$, sizing speed $\theta = 35$ *м/min*. Dependence of the braking moment of the current winding radius, based on the raw data according to (13), shown in Figure 2.

72

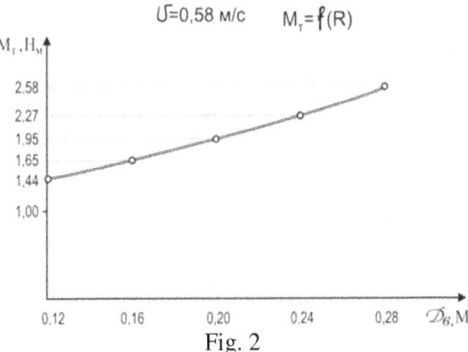

$U=0{,}58$ м/с $M_\text{т}=f(R)$

Fig. 2

As can be seen from Figure 2, the variation of the braking moment as a function of radius unwinding warping package has a nonlinear characteristic, although until now it was thought that this relationship varies linearly.

Thus, the definition of dynamic characteristics makes it possible to more accurately calculate the design and operating parameters of the automatic regulators brake systems.

References

1. Meshcheryakov V.N., Usov S.V. The observing device in a control system of coil winder. Electrical systems and management systems number 1/2011.
2. Djamankulov K.D. The stabilization process of winding and unwinding yarn of the warping and sizing machines. - Dis. ... Doctor. tehn. Sciences: 05.19.03 - Kostroma: KTI, 1990 - 442 p.
3. Machover V.L. The tension warp sizing machines on the racks. - Yaroslavl: Ivanovo Textile Institute. M.V. Frunze, 1977. - 158 p.

ПАРАМЕТРЫ РАБОТЫ АВТОРЕГУЛЯТОРА ТОРМОЗНЫХ СИСТЕМ ПРИ РАЗМОТКЕ ИДЕАЛЬНОЙ МОДЕЛИ СНОВАЛЬНОЙ ПАКОВКИ
Джаманкулов А.К.

Ключевые слова: сновальный валик, процесс размотки, наятжение нити, идеальная модель, тормозной момент.

Аннотация. Рассмотрен закон изменения тормозного момента в функции радиуса размотки сновального валика с учетом динамических характеристик с целью определения необходимых условий для поддержания постоянного натяжения пряжи в процессе размотки.

Список литературы
1. Мещеряков В.Н. Усов С.В. Наблюдающее устройство в системе управления намоточными механизмами // Электротехнические комплексы и системы управления. – 2011. – №1.
2. Джаманкулов К.Д. Стабилизация процесса наматывания и сматывания пряжи в сновальных и шлихтовальных машинах. – Дис. ... докт. техн. наук: 05.19.03 – Кострома: КТИ, 1990, - 442 с.
3. Маховер В.Л. Натяжение нитей основы на стойках шлихтовальных машин. – Ярославль: Ивановский текстильный институт им. М.В. Фрунзе, 1977. – 158 с.

УДК 628.8:621.3.049.77.02

СРАВНИТЕЛЬНЫЙ АНАЛИЗ ВЫДЕЛЕНИЯ ЧАСТИЦ ИЗНАШИВАНИЯ ЭЛЕМЕНТОВ КИНЕМАТИЧЕСКИХ ПАР В ВОЛНОВЫХ ПЕРЕДАЧАХ МЕХАНИЗМОВ МИКРО-ЭЛЕКТРОННОГО ПРОИЗВОДСТВА

Гребенкин В.З., Золотарев Ю.В.

Национальный исследовательский университет «МИЭТ», Зеленоград, Москва

Ключевые слова: загрязнения, частицы изнашивания, чистое производство, механизмы, кинематические пары, ВЗП.

Аннотация. Проведено исследование по выбросам в технологическую среду чистых производств загрязнений в виде частиц изнашивания элементами кинематических пар при их перемещениях в процессе работы волновых механизмов. Сравнительный анализ показал, что выделение загрязнений при осевых перемещениях элементов кинематической пары «Гибкое колесо – генератор волн», которыми обычно пренебрегают в теории ВЗП, соизмеримо с выделениями частиц изнашивания при перемещениях элементов этой кинематической пары в других направлениях, что особенно важно для микро-наноэлектронных производств.

При производстве изделий микро-наноэлектроники в механизмах механической элементной базы (МЭБ) автоматизированных систем и технологического оборудования (АСТО) исползуются различные механические передачи. Основное требование к механизмам таких производств – минимальное выделение кинематическими парами (КП) загрязнений (частиц износа) в производственную среду. Наиболее перспективными, с точки зрения минимального выброса частиц загрязнений для МЭБ АСТО являются волновые зубчатые передачи (ВЗП).

В теории волновых зубчатых механизмов преимущественное внимание уделяют перемещениям и скоростям в радиальном и тангенциальном напрвылениях элементов кинематических пар поскольку они позволяют определять основные параметры механизма – передаточное отношение, геометрию зацепления и др. Перемещения и скорости в осевом направлении гибкого колеса (ГК) считают малыми, что, в частности, позволяет при исследованиях рассматривать волновой механизм плоским.

Вместе с тем осевые перемещения и скорости в ряде вопросов могут иметь весьма важное значение. К таким вопросам, например, можно отнести выбросы загрязнений в виде частиц изнашивания элементов кинематической пары Е (рис.1), что особенно важно для нано-микро производств.

Исследования [1] показывают, что в большинстве типовых конструкций ВЗП осевые перемещения элементов ктнематической пары Е происходят преимущественно с трением скольжения. Как известно, трение скольжения наиболее опасно для истирания контактирующих поверхностей и, следовательно, связано с выбросами частиц изнашивания в технологические объемы.

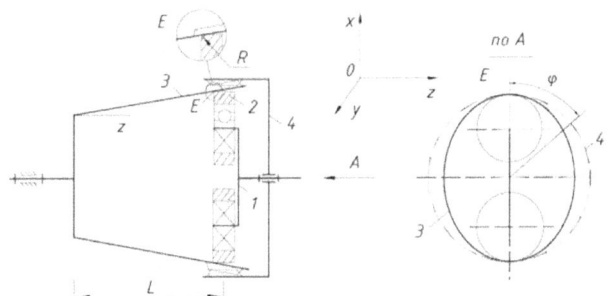

Рис. 1 – Схема типового волнового зубчатого редуктора: 1 – генератор волн; 2 – ролик; 3 – гибкое колесо; 4 – жесткое колесо; Е – КП «Гибкое колесо-генератор волн»

Можно показать, допустимо ли пренебрегать осевыми перемещениями и скоростями при оценке выбросов загрязнений для чистых производств. Скорость скольжения v_z в осевом направлении элементов КП Е находим, дифференцируя по времени, осевое перемещение u:

$$v_z = \frac{du}{dt}.\tag{1}$$

Осевое перемещение u в соответствии с теорией цилиндрических оболочек определяют по формуле:

$$u = -r\int\left(\frac{\partial v}{\partial z}\right)\partial\varphi,\tag{2}$$

где r – внутренний радиус оболочки гибкого колеса; φ – угловая координата генератора волн; v – окружное (по координате у – рис.1) перемещение элементов КП Е, которое по условию нерастяжимости связано с радиальным (по координате х) перемещением w следующей зависимостью

$$\frac{dv}{d\varphi} = -w.\tag{3}$$

Таким образом, если известна зависимость для радиальных перемещений w, то скорость v_z можно определить. Радиальное перемещение w зависит от конструкции генератора волн, определяющего форму деформирования гибкого колеса. Для наиболее употребительных конструкций волновых редукторов зависимости для w можно найти в технической литературе, они могут быть достаточно сложными.

В теории ВЗП для оценки результатов отдельных исследований достаточно часто пользуются [2 и др.] наиболее простой зависимостью следующего вида (для двухволнового механизма):

$$w = w_0 \cos 2\varphi,\tag{4}$$

где w_0 – максимальная радиальная деформация ГК.

Воспользуемся здесь и мы зависимостью (4) для оценки выбросов частиц изнашивания при осевом перемещении, например, для КП Е, сравнив перемещения по координатам у и z (рис.1., координата z

75

осчитывается от днища ГК). Учитываем, что по условию прямолинейности образующей ГК функция w линейна по оси z и, следовательно, эту функцию можно записать в таком виде:

$$w = (z/L) \cdot w_0 \cos 2\varphi. \qquad (4)$$

Изнашивание пропорционально работе сил трения. Сравнение ведем в форме отношения работ сил трения при перемещениях в окружном и осевом направлениях (при одинаковых нормальных усилиях F_n):

$$A_y / A_z = F_n \cdot f_k \cdot v_y / F_n \cdot f_c \cdot v_z = f_k \cdot v_y / f_c \cdot v_z, \qquad (6)$$

где A_y и A_z работа сил трения соответственно при окружном и осевом перемещениях; f_k и f_c – коэффициенты трения соответственно качения (в окружном направлении – чистое качение) и скольжения (как отмечалось выше в осевом направлении – скольжение).

Перемещение в окружном направлени v и скорость перемещения v_y в кинематической паре Е определяем по соотношениям:

$$v = \int w \cdot \partial \varphi = -\int (z/L) \cdot w_0 \cos 2\varphi \cdot \partial \varphi = -(z/L) \cdot 0,5 \cdot w_0 \sin 2\varphi. \qquad (7)$$

Оружная скорость, имея ввиду, что $\phi = \omega_H \cdot t$, где ω_H – угловая скорость генератора волн, будет равна

$$v_y = \frac{dv}{dt} = -(z/L) \cdot \omega_H \cdot w_0 \sin 2\varphi. \qquad (8)$$

Окружные перемещения в соответствии с (2) примут вид:

$$u = -(r \cdot w_0 / 4L) \cdot \cos 2\varphi. \qquad (9)$$

Скорость перемещения в осевом направлении

$$v_z = du/dt = (r \cdot w_0 / 2L) \sin 2\varphi. \qquad (10)$$

Для количественной оценки отношения работ трения (6) следует задаться числовыми значениями входящих в него параметров. Условия поступательного осевого перемещения в КП Е в волновой передаче можно в первом приближении считать сравнимыми с условиями относительного движения элементов кинематической пары напрвляющей для прямолинейного движения в различных технических устройствах [3, и др.]. Отношение приведенных коэффициентов трения для направляющих прямолинейного движения в среднем при сравнительных скоростях скольжения в паре Е волнового механизма может быть принято в первом приближении равным [3]: $f_k / f_c = 0,1$.

Для волнового зубчатого редуктора с гибким колесом в форме стакана с днищем – диафрагмой обычно принимают длину оболочки L = 2r при z = L (рис.1). Подставив приведенные выше параметры в соотношение (6) при максимальных значениях скоростей v_y и v_z, получим:

$$A_y / A_z = 4/10. \qquad (11)$$

Этот результат свидетельствует о том, что для типовых конструкций ВЗП изнашивание, а следовательно, и выбросы загрзнений при осевых перемещениях не только соизмеримы с выбросами загрзнений другими КП, но и может их превосходить, как, например, в приведенном примере.

Для волновых редукторов с коротким гибким колесом длина L существенно меньше, чем в типовом редукторе с цилиндрической оболочкой, обычно $L = (0.3 \div 0.4) \cdot r$, поэтому выбросов частиц изнашивания при перемещении в осевом направлении, видимо, можно ожидать значительно больше по сравнению с другими перемещениями в рассматриваемой кинематической паре Е.

Проведенное исследование свидетельствует так же о том, что необходимы дольнейшие уточнения основных положений теории волновых механизмов, в том числе и конструктивных изменений, о которых частично упоминается в цитируемой выше нашей статье [1].

Список литературы
1. Гребенкин В.З., Золотарев Ю.В. Исследование выбросов загрязнений волновыми зубчатыми передачами механизмов для производства изделий электронной техники. Научно-практические проблемы безопасности природно-технических комплексов. Сборник научных трудов. /Под ред. Д.т.н., проф. В.И.Каракеяна. – М.: НИУ МИЭТ, 2015. – С. 71-77.
2. Гребенкин В.З., Золотарев Ю.В. К вопросу о структурном анализе волновых зубчатых передач в механизмах автоматизированных систем и оборудования микроэлектроники // Современные проблемы теории машин. – 2015. – №3. – С. 110-113.
3. Иванов М.Н. Волновые забчатые передачи. – М.: «Высшая школа», 1981.– 184 с.
4. Дмитриев В.А. Детали машин. – Л.: Судостроение, 1970. – 792 с.

COMPARATIVE ANALYSIS ON EMISSIONS OF WEAR PARTICLES IN ELEMENTS OF KINEMATIC PAIRS IN THE PROCESS OF WAVE MECHANISMS IN MICROELECTRONIC PRODUCTION
Grebyonkin V.Z., Zolotarev Y.V.

Keywords: foreign material, wear particles, contaminant-free room (clean room, machinery, kinematic pairs, harmonic drive.
Abstract. The study on emissions of pollution into the contaminant-free room in the process environment in the form of wear particles, caused by elements of kinematic pairs movement in the process of wave mechanisms was conducted. Comparative analysis showed that the release of contaminants during the axial movement of the elements of the kinematic pair "Flexible spline - wave generator", which is usually neglected in the theory of wave gears, commensurate with the emissions of wear particles while elements of the kinematic pair moving in the other directions, which is especially important for microelectronic and nanoelectronics industries.

References
1. Grebenkin V.Z., Zolotarev Ju.V. Emission Study of pollution wave gear mechanism for the production of electronic products . Scientific and practical security issues of natural and technological complexes . Collection of scientific papers. / Ed. Prof. V.I.Karakeyana. – M.: NIU MIET , 2015. – P. 71-77 .
2. Grebenkin V.Z., Zolotarev Ju.V. The question of the structural analysis of wave gear in the mechanisms of automated systems and equipment microelectronics // Modern Problems of Theory of Machines. – 2015. – №3. – P. 110-113
3. Ivanov M.N. Wave zabchatye transmission. – M.: "High School", 1981. – 184 p.
4. Dmitriyev V.A. Machine parts. – L.: Shipbuilding, 1970. – 792 p.

UDC 621.865.8

THE METHOD OF CORRECTING INTEGRAL DEVIATIONS INDUSTRIAL ROBOTS

Krakhmalev O.N., Petreshin D.I., Fedonin O.N.

Bryansk State Technical University, Bryansk

Keywords: industrial robots, the primary deviation, integral deviations, correction of deviations, the accuracy of movement.

Abstract. The mathematical models that can be used in the methods of parametrization geometric models multilink mechanisms. There is developed a method of correcting integral deviations motion of industrial robots which are caused by primary geometrical deviations of their segments. This method can be used to develop a control system for industrial robots.

1. Introduction

It is impossible to avoid deviations of geometrical size and form called primary when producing and assembling parts and units of segments entering in the composition of such complex mechanical systems as industrial robots. These geometrical deviations result in difference of motion parameters of a real industrial robot from the motion parameters of its nominal model made in accordance with design documents (3-D model). To improve the accuracy of controlled motions it is necessary to make corrections of the nominal model of an industrial robot taking into account measuring primary geometrical deviations of its segments [1].

2. Mathematical Model of Primary Deviations

Primary deviations of geometrical dimensions of manipulator system segments (Fig.1) can be taken into account by introduction of linear deviations on the relevant coordinate axes: $\delta_x^{(i)}, \delta_y^{(i)}, \delta_z^{(i)}$, and primary deviations of segment forms and joint cocking – by introduction of angular deviations between relevant coordinate axes: $\alpha_{xx}^{(i)}, \alpha_{xy}^{(i)}, \alpha_{xz}^{(i)}, \ \alpha_{yx}^{(i)}, \alpha_{yy}^{(i)}, \alpha_{yz}^{(i)}, \alpha_{zx}^{(i)}, \alpha_{zy}^{(i)}, \alpha_{zz}^{(i)}$ (Fig. 2).

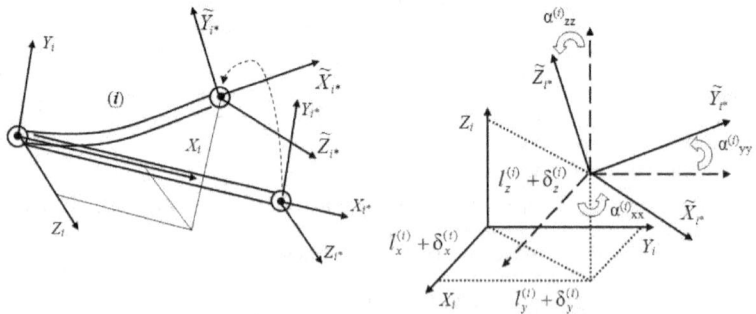

Fig. 1 – Primary linear deviations   Fig. 2 – Primary angular deviation

Matrix $A_{i,i*}$, which shows transformation of homogeneous coordinates in system S_{i*} into coordinate system S_i taking into account primary segment linear and angular deviations, will represent a mathematical model of primary deviations.

$$\tilde{A}_{i,i'} = \begin{bmatrix} \cos(\alpha_{xx}^{(i)}) & \cos(\alpha_{xy}^{(i)}) & \cos(\alpha_{xz}^{(i)}) & l_x^{(i)} + \delta_x^{(i)} \\ \cos(\alpha_{yx}^{(i)}) & \cos(\alpha_{yy}^{(i)}) & \cos(\alpha_{yz}^{(i)}) & l_y^{(i)} + \delta_x^{(i)} \\ \cos(\varphi\alpha_{zx}^{(i)}) & \cos(\alpha_{zy}^{(i)}) & \cos(\alpha_{zz}^{(i)}) & l_z^{(i)} + \delta_x^{(i)} \\ 0 & 0 & 0 & 1 \end{bmatrix} = \begin{bmatrix} \overset{(3\times3)}{\tilde{M}_i} & \overset{(3\times1)}{\tilde{L}_i} \\ 0 & 1 \end{bmatrix}. \quad (14)$$

Character ~ in expression (1) denotes that matrix contains primary geometrical deviations. In drawing up the matrix does not necessarily measure all nine angular deviations. It suffices to measure three. The remaining six angular deviations can be calculated. For this it is necessary to solve six nonlinear equations. These equations represent orthonormal vectors constituting rows and columns of the matrix.

Besides the accuracy of multilink mechanisms is influenced by positioning deviations. Positioning deviations associated with deviations of generalized coordinates (Fig.3). The matrix takes into account the positioning deviations is

$$A_{(i-1)^*,i} = \begin{bmatrix} \cos(\beta_i(q_i + \Delta q_i)) & -\sin(\beta_i(q_i + \Delta q_i)) & 0 & 0 \\ \sin(\beta_i(q_i + \Delta q_i)) & \cos(\beta_i(q_i + \Delta q_i)) & 0 & 0 \\ 0 & 0 & 1 & (1-\beta_i)(q_i + \Delta q_i) \\ 0 & 0 & 0 & 1 \end{bmatrix}, \quad (2)$$

where q_i – generalized coordinate, Δq_i – positioning deviation for the i-th generalized coordinate, β_i – coefficient ($\beta_i = 1$ if q_i – angular; $\beta_i = 0$ if q_i – linear).

A mathematical model is a matrix multiplication

$$A_{(i-1),i} = A_{(i-1),(i-1)^*} A_{(i-1)^*,i} \,,$$

$$A_{0,k} = A_{0,1} A_{1,2} ... A_{(i-1),i} A_{i,(i+1)} ... A_{(k-1),k} = \prod_{i=1}^{k} A_{(i-1),i}.$$

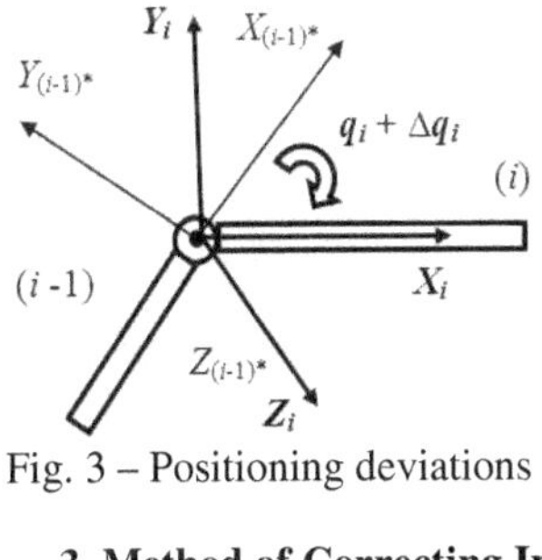

Fig. 3 – Positioning deviations 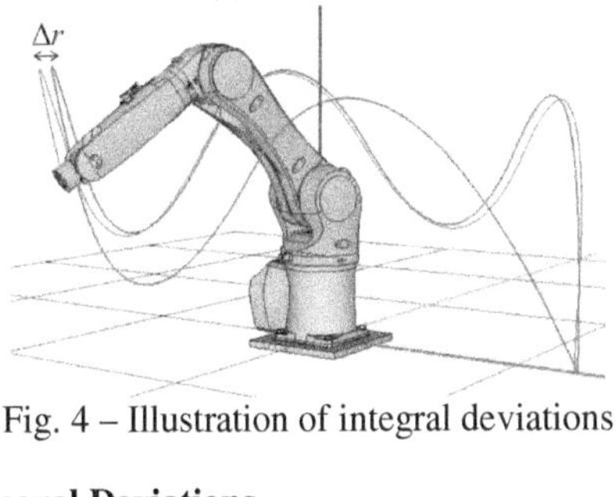   Fig. 4 – Illustration of integral deviations

3. Method of Correcting Integral Deviations

Mathematical models considering primary deviations of segment geometrical parameters in multilink mechanisms with daisy-chain structure can be used to determine integral deviations of segment positions arising because of error accumulation in the positions of each previous segment of a kinematic chain. Integral deviation of a complex mechanical system should be defined as guide path deviations of segment characteristic points and segment orientation deviations from the specified one caused by primary geometrical deviations (Fig. 4).

Taking into account primary geometrical deviations, guide path integral deviation $\Delta r(q)$ can be defined from the expression which represents difference between the actual position defined by radius vector $\tilde{r}$, and program position defined by radius vector r.

$$\Delta r = \tilde{r} - r, \quad \tilde{r} = \tilde{A}_{0,n} r_o,$$

$$\Delta r(q) = \left(\tilde{A}_{0,n} - A_{0,n}\right) r_o = \left[i_0^T \left(\tilde{A}_{0,n} - A_{0,n}\right) r_o \quad j_0^T \left(\tilde{A}_{0,n} - A_{0,n}\right) r_o \quad k_0^T \left(\tilde{A}_{0,n} - A_{0,n}\right) r_o\right]^T,$$

$$i_0^T = [1\,0\,0\,0], \quad j_0^T = [0\,1\,0\,0], \quad k_0^T = [0\,0\,1\,0],$$

where $A_{0,n}$ and $\tilde{A}_{0,n}$ – matrices of nominal and corrected mathematical models, q – generalized coordinates.

Integral deviation, connected with the position defined by vector $\Delta e(q)$ can be determined in the same way. Position integral deviations can be determined by complex vector $[\Delta r, \Delta e]^T$.

Using nominal $A_{0,n}$ and corrected $\tilde{A}_{0,n}$ mathematical models allows to express conditions of integral deviation compensation as the following

$$\begin{cases} \Delta r(q) \\ \Delta e(q) \end{cases} = 0 \quad \rightarrow \quad \tilde{q}.$$

The solution of this set of nonlinear equations corresponding to zero value of complex vector of integrated deviations, gives necessary laws of motion $\tilde{q}(t)$ of a particular actuator of industrial robots.

4. Conclusion

Mathematical models (1), (2) and (3) may be used in the methods of parametrization geometric models multilink mechanisms. Applying mathematical support to realize this method of correction in systems of automatic control of industrial robots allows to improve enduring accuracy. Detailed description of the method of correcting integral deviations is given in the papers [2–7].

References
1. Krakhmalev O.N. and Petreshin D.I. 2015 Correcting integrated deviations of actuator motion of industrial robots and multi-axis machine tools Mechatronika, avtomatizacia, upravlenie (No 7) vol 16 (Moscow: Novye tehnologii) pp 491–496.
2. Krakhmalev O.N., Petreshin D.I. and Fedonin O.N. 2015 The method of building geometrical models of manipulation systems of industrial robots and multi-axis machine tools Joint fund commentaries of electronic resources. Science and Education (No 5) vol 72 (Moscow: Institute of management of education of RAE) p 34.

3. Krakhmalev O.N., Petreshin D.I. and Fedonin O.N. 2015 Parameterization technique of geometrical (mathematical) models of manipulation systems of industrial robots and multi-axis machine tools Joint fund commentaries of electronic resources. Science and Education (No 5) vol 72 (Moscow: Institute of management of education of RAE) p 35.

4. Krakhmalev O.N., Petreshin D.I. and Fedonin O.N. 2015 The method of correcting integrated deviations of actuatormotionof industrial robots and multi-axis machine tools Joint fund commentaries of electronic resources. Science and Education (No 5) vol 72 (Moscow: Institute of management of education of RAE) p 36.

5. Krakhmalev O.N. and Bleyshmidt L.I. 2014 Determination of Dynamic Accuracy of Manipulation Systems of Robots with Elastic Hinges Journal of Machinery Manufacture and Reliability (No 1) vol 43 (New York: Allerton Press) pp 22–28.

МЕТОД КОРРЕКЦИИ ИНТЕГРАЛЬНЫХ ОТКЛОНЕНИЙ ПРОМЫШЛЕННЫХ РОБОТОВ

Крахмалев О.Н., Петрешин Д.И., Федонин О.Н.

Ключевые слова: промышленные роботы, первичные отклонения, интегральные отклонения, коррекция отклонений, точность движения.

Аннотация. Предложены математические модели, которые могут быть использованы в методиках параметризации геометрических моделей многозвенных механизмов. Разработан метод коррекции интегральных отклонений движения промышленных роботов, вызываемых первичными геометрическими отклонениями их звеньев. Метод может быть использован при разработке систем управления промышленными роботами.

Список литературы

1. Крахмалев, О.Н. Коррекция интегральных отклонений движения исполнительных механизмов промышленных роботов и многокоординатных станков / О.Н. Крахмалев, Д.И. Петрешин // Мехатроника, автоматизация, управление. – 2015. –Т. 16. – №7. – С. 491-496.

2. Крахмалев, О.Н. Метод построения геометрических моделей манипуляционных систем промышленных роботов и многокоординатных станков / О.Н. Крахмалев, Д.И. Петрешин, О.Н. Федонин //Хроники объединенного фонда электронных ресурсов. Наука и образование. – 2015. – №5(72). – С. 34.

3. Крахмалев, О.Н. Методика параметризации геометрических (математических) моделей манипуляционных систем промышленных роботов и многокоординатных станков / О.Н. Крахмалев, Д.И. Петрешин, О.Н. Федонин // Хроники объединенного фонда электронных ресурсов. Наука и образование. – 2015. – №5(72). – С. 35.

4. Крахмалев, О.Н. Метод коррекции интегральных отклонений движения исполнительных механизмов промышленных роботов и многокоординатных станков / О.Н. Крахмалев, Д.И. Петрешин, О.Н. Федонин// Хроники объединенного фонда электронных ресурсов. Наука и образование. – 2015. – №5(72). – С. 36.

5. Krakhmalev O.N., Bleyshmidt L.I. 2014 Determination of Dynamic Accuracy of Manipulation Systems of Robots with Elastic Hinges Journal of Machinery Manufacture and Reliability (No 1) vol 43 (New York: Allerton Press) pp 22–28.

СОВРЕМЕННАЯ МЕТОДОЛОГИЯ ПРОЕКТИРОВАНИЯ МАШИН И МЕХАНИЗМОВ

MODERN METHODOLOGY OF DESIGNING OF MACHINES AND MECHANISMS

УДК 621:658.512.011.56:004.42

PROBLEMS OF PARAMETRIC APPROACH IN SOME MODERN CAD

Nizovskikh A.S, Koporushkin P.A., Tarasenko R.R.
Ural Federal University, Ekaterinburg

Keywords: parametric modeling, CAD, parallel computing.
Abstract. This article highlights of parametric approach in some modern cad. The comparison is based on three models. There was found that the implementation of the methods of parallel computing can improve the performance of CAD being discussed.

Currently, CAD are used in different areas, such as the design of buildings, structures, machinery, etc. In the 90s, the PTC parametric approach was introduced, that caused a huge jump in the CAD development. Initially, CAD-systems were based on the coordinate approach. The program recorded the coordinates of en points during the process of line drawing.

The parametric approach is based on the size (linear and angular) and geometric constraints and is not associated with the coordinates. After drawing changes, the system will recalculates all the coordinates and then redraw the model.

– Tabular parameterization is to creation of a table of parameters of standard details. The creation of a new sample of the detail is produced by the choice of the table of sizes.

– Hierarchical parameterization. In the course of constructing of the mode, the entire sequence of building is displayed in a separate window in the form of the "tree of construction." It lists all the auxiliary elements, sketches and performed operations that exist in the model, in the order of their creation.

– Variation or dimensional parameterization based on sketching and constraints in the form of equations defining the relations between the parameters.

– Geometric parameterization is the method of parametric modeling, where the geometry of each parametric object is recalculated depending on the position of the parent object, its parameters and variables.

The idea of the parametric approach is very simple, but in practice, the system of equations can be very large and complex. It may include thousands of equations and variables. Most of the modern CAD systems are not able to process the parameterized model of such magnitude. Often, there occurs a problem of incorrect transformation models that contain a small number of geometric primitives. Even if these CAD are able to process the large models, plenty of time is needed to get the result.

I chose three CAD systems to compare and made three parametric model to obtain information about the currently available software applications: AutoCAD 2015; Autodesk Inventor Professional 2015; SolidWorks 2013.

PC Specs for Cad Testing: Core i7-4770; 16G RAM; NVIDIA GeForce GTX 750.

Model 1

This model is an example of architectural drawings (shown on Figure 1). It contains 432 primitives and 1596 limitations: parallel (> 200), vertical (>

350), horizontal (> 450), collinear (> 300). Basically it consists of horizontal and vertical lines and the system of equations is almost linear.

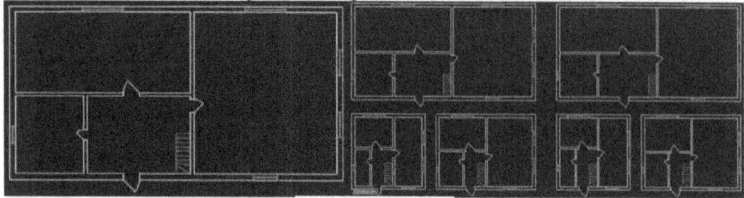

Fig. 1 – Model 1

Increasing/reducing of the sample's size with specified constraints:

AutoCAD software doesn't transform the model properly. It shifts the objet in the drawing space instead of the expansion/contraction, when we pull the corner of the object. Sometimes calculation of the model takes a plenty of time with no visible result from time. Average Autocad CPU usage is about 19%.

Autodesk Inventor reacts on a user actions with a long delay (about 12 seconds), but it edits the model appropriately. Time to time, trasfromation has major problems, which are similar to Autocad software, and return to the initial state become unable. Average Autodesk Inventor CPU usage is about 19% and only one core is in use at any time.

SolidWorks 2013 software can't even display the whole model. Its functions incorrectly – with a long delay, and the object dislocation instead of the proper transformation. Average CPU usage is about 20%.

Model 2

The second model is an example of engineering drawing (shown on Figure 2). Objects consist of the tangentially connected arc and line segments. The model includes 512 entities (256 arcs and 256 segments) and 1736 limitations - parallel (320), vertical (128), horizontal (128), collinear (192), tangential (512).

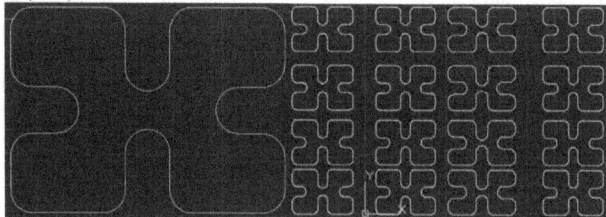

Fig. 2 – Model 2

Analogical transformation of the model:

AutoCAD. If you pull by any point, the transformation is correct. but you can see only the offset. Average CPU usage is 19%.

Autodesk Inventor - a short delay with no transformation occurs. CPU utilization is about 19%.

SolidWorks 2013 as the last time was not able to draw a complete model. Occurred only the offset instead of transformation.

Model 3

The third example is quite simple - rectangle drawing formed by bunch of the segments (shown on Figure 3). It has 1536 lines and 3072 limitations.

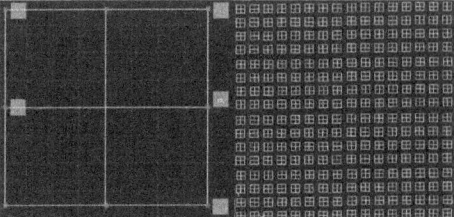

Fig. 3 – Model 3

Fixing of the corner point of one of the rectangles and turning around: AutoCAD tends to "freeze". Task Manager shows that the calculation occurs. A few minutes later had to complete the process.

Autodesk Inventor solves this problem, but in the process of turning model is drawn with a delay. CPU utilization of 19%.

SolidWorks 2013 is also able to do this task, but the model is drawn with a delay. CPU utilization of 21%.

Imperfect parametric approach, which is implemented in the reviewed CAD, are forcing engineers to divide the geometric model on a set of simple models, which is not always the best solution. One of the main bottlenecks of the traditional CAD software is the lack of parallel computing support. It prevents us from using all of multi-core CPU's advantages. In order to increase CAD performance you should implement practices of parallel computing such as Runge-Kutta's and Adams's methods.

References

1. Seljakov M.Ju. Otechestvennye i Zarubezhnye CAD/CAM sistemy // Uspehi sovremennogo estestvoznanija. – 2011. – № 7. – S. 193-197; URL: http://www.natural-sciences.ru/ru/article/view?id=27253
2. D.V. Lunin, S.V. Skvorcov. Organizacija parallelnyh vychislenij// Vestnik RGRTU. № 3 (vypusk 49). Rjazan', 2014.

ПРОБЛЕМЫ ПАРАМЕТРИЧЕСКОГО ПОДХОДА В НЕКОТОРЫХ СОВРЕМЕННЫХ САПР

Низовских А.С., Копорушкин П.А., Тарасенко Р.Р.

Ключевые слова: параметрическое моделирование, CAD, параллельные вычисления.
Аннотация. Эта статья описывает проблемы параметрического подхода в некоторых современных САПР. Показано сравнение САПР на трех моделях. Было установлено, что реализация методов параллельных вычислений может улучшить производительность CAD систем.

Список литературы

1. Селяков М.Ю. Отечественные и зарубежные CAD/SAM системы // Успехи современного естествознания. – 2011. – №7. – С. 193-197.
2. Лунин Д.В., Скворцов С.В. Организация параллельных вычислений // Вестник Рязанской государственной радиотехнической академии. – 2014. – №49. – С. 77-82.

Modern problems of theory of machines. – North Charleston: CreateSpace, 2016. – №4(1)
UDC 677.074.017

DESIGNING FORMING MECHANISM LOOMS RATIONAL WITH DESIGN PARAMETERS

Bukina S.V.

Kostroma State Technological University, Kostroma

Keywords: the mechanism crimp shaping, crank-beam-mechanism, kinematic pairs.
Abstract. Conducted kinematic analysis of the cam-lever mechanism on the example of the loom edge scissors mechanism the Dornier company, to select the rational design parameters ensuring the required process the angle of rotation of the mechanism.

The mechanism for forming and cutting the fabric edge false equipped scissors is a compound with the cam lever mechanisms [1]. Connections can be serial and parallel. Studies on the mechanism of the calculations set out in [2,3]. The problem of wear of the working surfaces of Cams and mechanical parts of the systems of weaving machines is considered in [4,5]. Evaluation of the influence of elasticity of the beam at the forces involved during the impact is given in [6].

To assess the rational exploitation of the design parameters that provide the desired process angle of the lever mechanism of formation and edge trimming fabrics, consider as an example the schema mechanism edging shears loom company Dornier (figure 1).

The principle of operation is clear from the diagram, in which the input link is a cam. Pusher C O_2 power closure higher kinematic pairs gets traffic from cam and passes a swinging movement of the lever shears – link O_2D. Move lever shears is carried out at a specific kinematic law that dictated by the weaving process [7]. This Act shall be designed cam profile. Profile form, as you can see, will depend on the size of the links the entire kinematic chain.

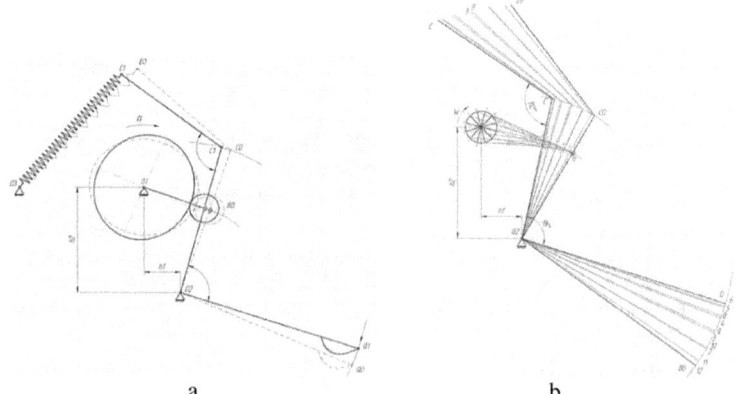

a   b
Fig.1 – Kinematic scheme of the Cam-lever mechanism
a) General view of the mechanism; b) replacement mechanism

Consider a scheme Central crank beam mechanism consisting of links 1, 2 and 3, the replacement of the mechanism, which is shown in Figure 2. Replacement mechanism with higher kinematic pair on the lower mechanism kinematic pair is carried out so that the line of action of normal pressure passes through the axis of roller pusher, the point of contact with the cam profile and cam profile curvature radius center at this point.

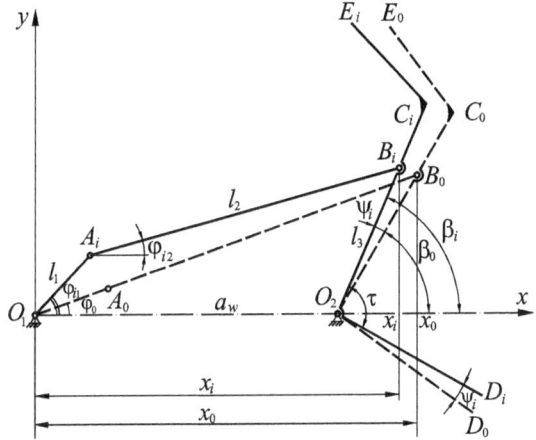

Fig. 2 – Central crank-beam-mechanism

The moving element 3 is represented by the function $\psi(\varphi)$ where φ is the angle of rotation of the Cam (in a substitute mechanism – crank), φ_0 – the initial coordinate of the crank (link 1), whose length is l_1, β_0 – the initial position of the rocker, whose length l_3;

x_i, ψ_i, β_i – the current coordinates of the rocker (link 3), a_w – the distance between the center of rotation of the crank and the center of rotation of the rocker, τ – constant constructive angle $B_iO_2D_i$. (Fig.2).

We denote the distance O_1O_2 is a_w, the length of the link O_1A – l_1, the length of link AB is l_2, the length of the link O_2B – l_3, the coordinate of the point B_i – x_i, the coordinate of the point B_0 – x_0.

The angular displacement of the beam will be:

$$\psi_i = \beta_i - \beta_0.\tag{1}$$

Projecting links (Fig.2) on the axis of x, will receive:

$$O_2X_i = l_3 \cos \beta_i \implies \cos \beta_i = \frac{O_2X_i}{l_3}$$

on the other hand: $O_2X_i = x_i - a_w$,

where $x_i = l_1 \cos \varphi_{i1} + l_2 \cos \varphi_{i2}$,

then $\cos \beta_i = \dfrac{l_1 \cos \varphi_{i1} + l_2 \cos \varphi_{i2} - a_w}{l_3}$, respectively: $\beta_i = \arccos \dfrac{l_1 \cos \varphi_{i1} + l_2 \cos \varphi_{i2} - a_w}{l_3}$ (2)

$$O_2 X_0 = l_3 \cos \beta_0 \Rightarrow \cos \beta_0 = \dfrac{O_2 X_0}{l_3}$$

on the other hand: $O_2 X_0 = x_0 - a_w$,

where $x_0 = (l_1 + l_2) \cos \varphi_0$;

then $\cos \beta_0 = \dfrac{(l_1 + l_2) \cos \varphi_0 - a_w}{l_3}$

accordingly: $\beta_0 = \arccos \dfrac{(l_1 + l_2) \cos \varphi_0 - a_w}{l_3}$ (3)

After substituting expressions (2 and 3) in the expression (1), we obtain:

$$\psi_i = \arccos \dfrac{l_1 \cos \varphi_{i1} + l_2 \cos \varphi_{i2} - a_w}{l_3} - \arccos \dfrac{(l_1 + l_2) \cos \varphi_0 - a_w}{l_3}$$ (4)

Thus, the angular displacement of the rocker arm $(B_i O_2 D_i)$ are a function of the angle of rotation of the Cam $\psi_i(\varphi) = \beta_i - \beta_0$, where β_0 the initial coordinate of the rocker. Equation (4) allows to calculate the desired rotation of the movable part of the scissors depending on the design parameters of the mechanism.

If we consider the replacement mechanism for dezaksial'nogo cam mechanism design scheme will appear as shown in Figure 3.

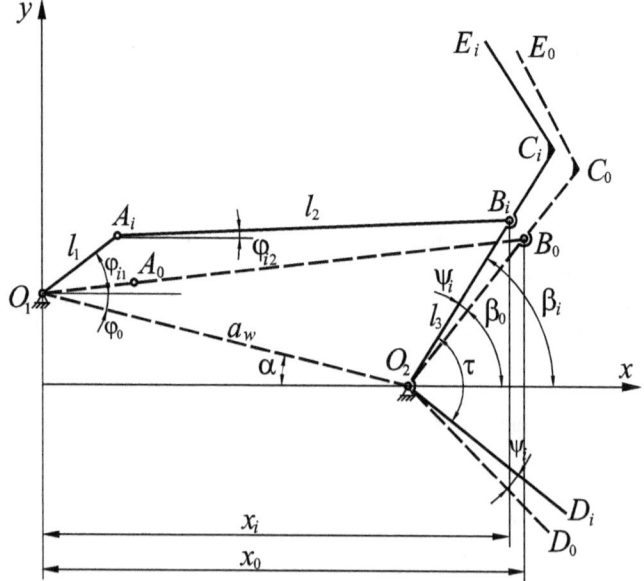

Fig. 3 – Dezaksial'nyj crank-beam-mechanism

Producing similar to the previous case reasoning and mathematical transformations, the expression of angular displacement of the movable part of the scissors – link 3 ($B_iO_2D_i$) will have the form:

$$\psi_i = \arccos\frac{l_1\cos\varphi_{i1} + l_2\cos\varphi_{i2} - a_w\cos\alpha}{l_3} - \arccos\frac{(l_1 + l_2)\cos\varphi_0 - a_w\cos\alpha}{l_3} \quad (5)$$

The geometrical characteristics calculated at the maximum during the moving scissors (link O_2D).

Thus, the study of the kinematics of the linkage mechanism of for forming and trimming the false edge of the fabric according to the law of motion, which is dictated by the technological process of weaving, and allows for various lengths of links, and different arrangement of kinematic pairs and calculate the desired rotation of the lever of the mechanism for forming and trimming the false edge of the fabric

CONCLUSIONS

Expression for determining the angular displacement link O_2D depending on the cam angle that enables designing different variants of structures for the formation mechanism and cutting edge tissue false with different kinematic pairs and different lengths of the links provide the rotation angle of the mobile part of the scissors to the desired process.

References
1. The drive systems of weaving machines. Under edition I.A. Martynova. – M.: Legpromizdat, 1991. – 272 s.
2. Gusev V.A., Bukina S.V., Dubinkin K.V. For investigating durability of the scissors mechanism krakauebene rapier weaving machine company «Dornier»// Izv. universities "Technology of textile industry", №5(334), 2011.
3. Bukina S.V. Dynamic design of the lever mechanism krakauebene loom Dornier company taking into account the static characteristics of the motor. // Vestnik of Kostroma State.Tech. University №1(34), Kostroma, 2015, pp. 47-49.
4. Korolev P.A., Lohmanov V.N. Dynamics of wear of working surfaces of the fist semisopochnoi mechanism of weaving machine.// Izv. universities "Technology of textile industry", №1(330), 2011g.
5. Guljaev E.S, Prokopenko A.K. Possible solutions to the problem of wear of mechanical systems and Executive bodies of the equipment of textile production. // Izv. universities "Technology of textile industry", №1(337), 2012.
6. Erem'janc V.Je, Kolesnikov M.A. The influence of elasticity of the beam on the dynamic response in beam-impact system. // Computer aided design in mechanical engineering, №3, 2015.
7. Bukina S.V., Protalinskij S.E. For investigating the technological conditions of formation of the fabric. // Vestnik of Kostroma State.Tech. University №1(30), Kostroma, 2013, pp. 44-47.

ПРОЕКТИРОВАНИЕ КРОМКООБРАЗУЮЩЕГО МЕХАНИЗМА ТКАЦКОГО СТАНКА С РАЦИОНАЛЬНЫМИ КОНСТРУКТИВНЫМИ ПАРАМЕТРАМИ
Букина С.В.

Ключевые слова: механизм кромкообразования, кривошипно-коромысловый механизм, кинематические пары.

Аннотация. Проведен кинематический анализ кулачково-рычажного механизма на примере механизма кромочных ножниц ткацкого станка фирмы Dornier, для выбора рациональных конструктивных параметров, обеспечивающих требуемый технологическим процессом угол поворота рычажной части механизма для формирования и обрезки ложной кромки ткани.

Список литературы
1. Приводные системы ткацких станков. Под ред. И.А. Мартынова. – М.: Легпромиздат, 1991. – 272 с.
2. Гусев В.А., Букина С.В., Дубинкин К.В. К вопросу исследования износостойкости ножниц механизма кромкообразования ткацкого рапирного станка фирмы «Dornier». // Изв.вузов «Технология текстильной промышленности», №5(334), 2011.
3. Букина С.В. Динамическое проектирование рычажного механизма кромкообразования ткацкого станка фирмы Dornier с учетом статической характеристики электродвигателя. // Вестник Костромского Гос.Техн. ун-та №1(34), Кострома, 2015, с.47-49.
4. Королев П.А., Лохманов В.Н. Динамика износа рабочих поверхностей кулака ремизоподъемного механизма ткацкой машины.// Изв. вузов. Технология текстильной промышленности, №1(330), 2011г.
5. Гуляев Е.С., Прокопенко А.К. Возможные решения проблемы износа деталей механических систем и исполнительных органов оборудования текстильного производства. // Изв. вузов. Технология текстильной промышленности, №1(337), 2012.
6. Еремьянц В.Э., Колесников М.А. Влияние упругости коромысла на динамические реакции в коромысловой ударной системе. // Автоматизированное проектирование в машиностроении. 2015. №3. С. 90-94.
7. Букина С.В., Проталинский С.Е. К вопросу исследования технологических условий формирования ткани. // Вестник Костромского Гос.Техн. ун-та №1(30), Кострома, 2013, с.44-47.

UDC 677.051

CONCEPTUAL MODEL OF A CLEANING MACHINE FOR FIBER

Lebedev D.A., Shuvaev D.A.
Kostroma state technological University, Kostroma

Keywords: fiber cleaning, cotton, flax, textile machinery.
Abstract. The paper discusses issues in the design methodology of cleaning machines for fiber.

Task the key stages of conceptual design is the selection and justification of the functional structure of the cleaning machine, as well as the principles or methods on the basis of which will be implemented the functions provided when choosing the structure of the machine [1–3]. Link these stages of design should serve a conceptual model of the cleaning machine, which determines the structure of the designed system, the properties of its elements and causation. A conceptual model (Fig. 1) allows to reproduce the logic of functioning of the investigated technical system, its structure and the properties of the elements that compose the system, i.e. the causal relationships inherent in the system and essential to achieve the goal of modeling.

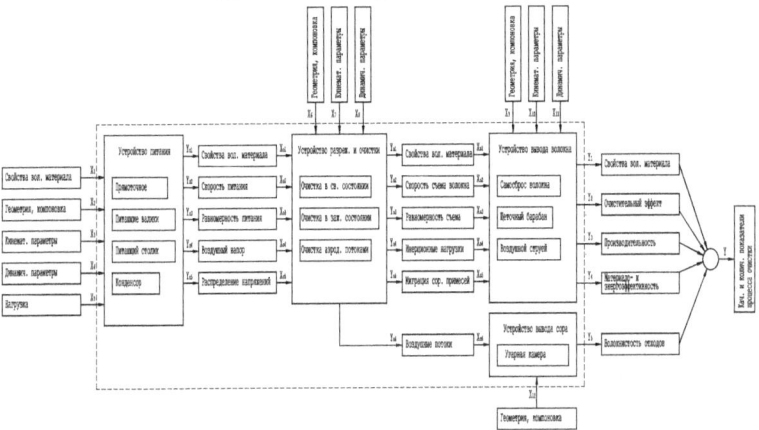

Fig. 1 – Conceptual model of a cleaning machine for fiber

A combination of factors acting on the system and influencing the effectiveness of its functioning, will be determined by the following parameters [4–10]: 1) X_1 – type of fiber (cotton or flax), linear density, staple length, moisture content, content of defects and impurities in the fiber before treatment (initial infestation) and the distribution of impurities in the fractions depending on the degree of connection with fiber; 2) X_2 – geometric characteristics of the working bodies of the supply device: for example, the diameters of feed rollers, working width of rollers; the arrangement of the device; 3) X_3 – kinematic parameters of supply device: for example, circumferential and angular velocity of the supply rollers; 4) X_4 – dynamic parameters of working bodies of feeding: e.g., mass, moments of inertia, rigidity of the feeding rollers; 5) X_5 – loads present in the supply device: for example, the total force of the feeding roller pairs per creation unit load required to compress the fibrous material, and pressure along the contact zone of the rolls and the fibrous material required to create shear fibrous layers, aiming at the intensification of the migration process impurities; 6) X_6 – geometric characteristics of working bodies of cleaning devices: for example, the diameter and the working width of the saw cylinder, the distance between the saw blades, the parameters of the saw tooth, the saw blade thickness, the angle of grid bars, distance between bars, shape of the cross section grid bars, the angle and the fillet radius of the working edges of the grate, the size of the technological wiring, etc.; the layout of the device; 7) X_7 – kinematic parameters of the cleaning device: for example, the circumferential or angular speed of the saw cylinder; 8) X_8 – dynamic parameters of working bodies of cleaning devices: for example, mass, inertia, stiffness of the shaft of the saw cylinder; 9) X_9 – geometric characteristics of the working bodies of output devices: for example, the diameter and the working width of the drum brush, the number and size of the brushes; the design; 10) X_{10} – kinematic parameters of output: for example, the circumferential or angular speed of brush drum; 11) X_{11} – dynamic parameters of working bodies of output: for example, mass, inertia, stiffness of the brush shaft of the drum; 12) X_{12} – geometric characteristics of the output device of the litter: for example, the shape and size of the carbon camera, options louvered grille; arrangement of the device.

The input parameters of the cleaning device X_{oi}, which are both output parameters and supply device Y_{ni}: 1) X_{o1} (Y_{n1}) – bulk density of the fibrous mass, the linear density of the fibers, staple length, moisture content, distribution of impurities in the fractions depending on the degree of connection with the fiber, the degree of parallelization of fibers; 2) X_{o2} (Y_{n2}) – feed rate of fibrous material on the working body of the cleaning device; 3) X_{o3} (Y_{n3}) – the uniformity of the fiber material on the working body of the cleaning device; 4) X_{o4} (Y_{n4}) – characteristics of air flow in direct-flow power; 5) X_{o5} (Y_{n5}) – the law of distribution of normal and shear stresses in the fiber in the contact zone of the feeding rolls.

Input parameters output devices fiber $X_{вi}$ that represent the output parameters of the cleaning apparatus Y_{oi}: 1) $X_{в1}$ (Y_{o1}) – bulk density fibrous material, the linear density of the fibers, staple length, moisture content, distribution of impurities in the fractions depending on the degree of connection with fiber; 2) $X_{в2}$ (Y_{o2}) – metal removal rate of fibrous material with the working body of the cleaning device; 3) $X_{в3}$ (Y_{o3}) – the uniformity of removal of fibrous material with the working body of the cleaning apparatus; 4) $X_{в4}$ (Y_{o4}) – characteristic of inertial loads acting on the fibrous material and the foreign material located on the exposed surface of the fiber, when cleaning in the free state in the zone of interaction with the working body and in the purification of aerodynamic flows; 5) $X_{в5}$ (Y_{o5}) – characteristic loads acting on the individual layers of fibrous material and deep in the fiber mass of foreign material in the sliding layer, the dilution and processing in the clamped state, and which causes migration of impurities and weakening their connections with the fiber.

The input parameters of the output device X_{ci} that represent the output parameters of the cleaning apparatus Y_{oi}: 1) X_{c1} (Y_{o7}) – the characteristics of the air flow generated by the rotating working body of the cleaning apparatus.

The first group of output parameters of cleaning machines, aiming at improving qualitative characteristics of the fibrous material include: property of the fiber that is determined by the relative breaking load of the fibres after processing, as well as the average staple fiber length and percentage of short fibers Y_1; the content of impurities and vices fiber after cleaning, i.e. cleaning effect cleaning car Y_2. The second group of output parameters aimed at improving the technical and functional level of the cleaning machine, include: the performance of purifier Y_3; material capacity and energy intensity of the cleaning machine Y_4; loss of fibrous material, the fibrous waste Y_5. Output parameters work together to form the overall qualitative and quantitative indicators of the cleaning process Y, which characterizes the fulfilment of the relevant requirements.

A conceptual model cleaning machine reproduces the logic of functioning of the considered technical system and allows you to jump to further solving problems of design.

References
1. Lebedev D.A. The General Approach to the Design of Fiber Cleaners. Izvestiya Vysshikh Uchebnykh Zavedenii, Seriya Teknologiya Tekstil'noi Promyshlennosti, Russian Federation. – 2014. – №5.
2. Ershov S.V. Conceptual Model of the Mechanical Effects of Textile Material in the Apparatus Roller with Dinamic Mode Loading / S.V. Ershov, E.N. Kalinin // Izvestiya Vysshikh Uchebnykh Zavedenii, Seriya Teknologiya Tekstil'noi Promyshlennosti, Russian Federation. – 2011. – №7.
3. Lebedev D.A. Development of a Conceptual Model of the Fiber Cleaner. Izvestiya Vysshikh Uchebnykh Zavedenii, Seriya Teknologiya Tekstil'noi Promyshlennosti, Russian Federation. – 2015, №5.
4. Lebedev D.A. Development of the Theory of Processes and Machines for Cleaning Natural Fibers: Monograph/ D.A. Lebedev, A.R. Korabelnikov. – Kostroma: Kostroma state technological University, 2013.
5. Korabelnikov R.V. Determination of a Step of Arrangement of Furnace Bars at a Cleaning Machine / R.V. Korabelnikov, A.R. Korabelnikov, D.A. Lebedev // Izvestiya Vysshikh Uchebnykh Zavedenii, Seriya Teknologiya Tekstil'noi Promyshlennosti, Russian Federation. – 2011. – №5.
6. Korabelnikov A.R. Selection of Trash from the Surface of Fibrous Material Layer / A.R. Korabelnikov, D.A. Lebedev, A.G. Shutova // Izvestiya Vysshikh Uchebnykh Zavedenii, Seriya Teknologiya Tekstil'noi Promyshlennosti, Russian Federation. – 2012. – №4.
7. Lebedev D.A. Model Impacts on Weed Admixture in the Process of Cleaning Fiber / D.A. Lebedev, A.A. Petrov // Izvestiya Vysshikh

Uchebnykh Zavedenii, Seriya Teknologiya Tekstil'noi Promyshlennosti, Russian Federation. – 2013. – №4.

8. Lebedev D.A. Definition of Contact Stresses Resulting from Interaction of Fibre Strand with Bar in Cleaning Process / D.A. Lebedev, M.S. Zaitsev // Bulletin of KSTU. – 2014, №1 (32).

9. Lebedev D.A. Study of the Shock Interaction of Fiber with Grate / D.A. Lebedev, T.E. Bryukhanova, O.V. Tsypushtanov // Bulletin of KSTU. – 2015, №1 (34).

10. Korabelnikov A.R. Use of Compact Energy Efficient Equipment in New Production Line for Cottonizing and Cleaning of Flax Fibre / A.R. Korabelnikov, D.A. Lebedev, A.A. Petrov, Y.F. Shadrin // Bulletin of KSTU. – 2012, №1 (28).

КОНЦЕПТУАЛЬНАЯ МОДЕЛЬ ВОЛОКНООЧИСТИТЕЛЯ
Лебедев Д.А., Шуваев Д.А.

Ключевые слова: волокноочистка, проектирование очистительных машин, хлопок, короткоштапельное льняное волокно, текстильное машиностроение.

Аннотация. В работе рассматриваются вопросы методологии проектирования волокноочистительных машин.

Список литературы
1. Лебедев Д.А. Общий подход к проектированию волокноочистителей. Известия высших учебных заведений. Технология текстильной промышленности. – 2014. – №5.

2. Ершов С.В. Концептуальная модель процесса механического воздействия на текстильный материал в валковом устройстве с динамическим режимом нагружения / С.В. Ершов, Е.Н. Калинин // Известия высших учебных заведений. Технология текстильной промышленности. – 2011. – №7.

3. Лебедев Д.А. Разработка концептуальной модели волокноочистителя. Известия высших учебных заведений. Технология текстильной промышленности. – 2015, №5.

4. Лебедев Д.А. Развитие теории процессов и машин для очистки натуральных волокон: Монография / Д.А. Лебедев, А.Р. Корабельников. – Кострома: Издательство Костромского государственного технологического университета, 2013.

5. Корабельников Р.В. Определение шага расстановки колосников на очистительной машине / Р.В. Корабельников, А.Р. Корабельников, Д.А. Лебедев // Известия высших учебных заведений. Технология текстильной промышленности. – 2011. – №5.

6. Корабельников А.Р. Выделение сорных примесей с поверхности слоя волокнистого материала / А.Р. Корабельников, Д.А. Лебедев, А.Г. Шутова // Известия высших учебных заведений. Технология текстильной промышленности. – 2012. – №4.

7. Лебедев Д.А. Модель воздействия на сорную примесь в процессе волокноочистки / Д.А. Лебедев, А.А. Петров // Известия высших учебных заведений. Технология текстильной промышленности. – 2013. – №4.

8. Лебедев Д.А. Определение контактных напряжений, возникающих при взаимодействии прядки волокон с колосником в процессе очистки / Д.А. Лебедев, М.С. Зайцев // Вестник КГТУ. – 2014, №1 (32).

9. Лебедев Д.А. Исследование ударного взаимодействия волокна с колосником / Д.А. Лебедев, Т.Е. Брюханова, О.В. Цыпуштанов // Вестник КГТУ. – 2015, №1 (34).

10. Корабельников А.Р. Использование компактного энергоэффективного оборудования в новой технологической линии для котонизации и очистки льняного волокна / А.Р. Корабельников, Д.А. Лебедев, А.А. Петров, Ф.Ю. Шадрин // Вестник КГТУ. – 2012, №1 (28).

ДИНАМИКА И ПРОЧНОСТЬ
МАШИН, ПРИБОРОВ И АППАРАТУРЫ

DYNAMICS AND STRENGTH
OF MACHINES, DEVICES AND EQUIPMENT

УДК 539.3 : 531.66: 622.23

СИСТЕМАТИЗАЦИЯ ТЕХНИЧЕСКИХ РЕШЕНИЙ ГЕОМЕТРИИ БОЙКОВ ГОРНЫХ МАШИН УДАРНОГО ДЕЙСТВИЯ

Жуков И.А.

Сибирский государственный индустриальный университет, Новокузнецк

Ключевые слова: удар, боек, импульс, деформация, разрушение.

Аннотация. Излагается решение проблемы повышения эффективности использования энергии удара в машинах ударного действия путем рационального выбора форм бойков. Дается описание известных и новых, авторских конструктивных решений ударяющих тел. Приводятся результаты сравнительного анализа теоретических решений бойков различных форм, а также даются практические рекомендации об использовании в машинах.

Производительность будущей ударной системы, технологичность ее изготовления, долговечность и надежность в эксплуатации определяются в основном применением наиболее рациональной конструктивной схемы. Удачная компоновка деталей и узлов, устранение излишних звеньев механизма способствуют снижению веса машины, уменьшению ее объема и габаритов. Необходимо учитывать и те возможности, которыми располагает каждая конкретная схема для дальнейшего совершенствования машины, а также для образования на базе основной модели различных модификаций. Надо считаться и с тем, что невозможно предложить определенную конструктивную схему, отвечающую всему многообразию эксплуатационных требований.

Иногда стремясь получить возможно большую ударную мощность машины и в то же время необоснованно стараясь уменьшить вес и стоимость изготовления, резко понижают надежность ее в эксплуатации, что влечет за собой значительное увеличение эксплуатационных расходов и снижение экономического эффекта.

Исходя из этого, проектирование машины ударного действия следует вести по принципу «от обрабатываемой среды к машине». Сначала надо представить, каковы характеристики разрушаемого объекта, вид предстоящих работ. На основании этих сведений выбирается тип инструмента и его размеры; по условиям прочности инструмента определяется величина энергии удара. Затем, зная особенности эксплуатации новой машины, устанавливают значения остальных параметров собственно машины и её привода.

После определения рабочих параметров ударной системы можно приступать к выбору оптимальной конструктивной схемы, а затем, выполнив необходимые силовые, прочностные и кинематические расчеты, начинают разработку графического материала. После изготовления рабочих чертежей, как правило, проводится детальный проверочный расчет, по результатам которого уточняются форма и размеры отдельных конструктивных элементов.

Обратимся к проблеме рационального проектирования форм бойков ударных механизмов с точки зрение технологических требований и обеспечения максимального коэффициента передачи энергии импульса.

Анализ известных аналитических решений бойков [1] позволил установить, что ударник, формирующий ударный импульс рациональной формы, должен быть переменного поперечного сечения, площадь которого должна нарастать от ударного торца, т.к. при приближении диаметра неударного торца к диаметру ударного формы волн будут стремиться к прямоугольной. А образующая ударника должна быть вогнутой в сторону его продольной оси. На форму ударного импульса оказывает значительное влияние кривизна образующей боковой поверхности ударника, а, следовательно, и распределение объема в бойке по мере продвижения от ударного торца к неударному при условии равенства объемов сравниваемых бойков.

Разработанная на основе графоаналитического метода [2, 3] компьютерная программа [4-6] позволяет проводить численное исследование процесса формирования волновых ударных импульсов в стержневой системе «боёк – волновод». С использованием компьютерной программы выполнены расчеты ударных импульсов, генерируемых при ударе по волноводам бойками различных форм, удовлетворяющих вышеуказанным условиям. Для возможности сравнительного анализа в качестве исходного принят боёк цилиндрической формы с поперечным сечением, равным по диаметру сечению волновода. Исследование проводилось при условии равенства следующих параметров для всех бойков: масса бойка: $m = 3 кг$; материал соударяемых деталей: сталь с модулем упругости $E = 2,1 \cdot 10^5 МПа$, скорость звука в материале $a = 5 \cdot 10^3 м/с$; диаметр волновода: $d_0 = 32 мм$; предударная скорость бойка: $V_0 = 8 м/с$.

Результаты вычислений сведены в таблицу 2.

Таблица 2 – Найденные решения бойков различных форм [7, 8]

№	Тип образующей бойка	3D-модель	Форма ударного импульса, $F = f(t), кН (мкс)$
1	Прямая – Цилиндрический боёк, равного с волноводом сечения		
2	Прямая – Цилиндрический боёк, с сечением большим сечения волновода		

3	Наклонная прямая – Конический		
4	Гипербола – Гиперболический		
5	Парабола квадратичная		
6	Парабола квадратичная повернутая		
7	Парабола кубическая		
8	Синусоида		
9	Тангенсоида		

10	Политропа квадратичная		
11	Политропа кубическая		
12	Экспонента		
13	Строфоида		
14	Циссоида Диокла		
15	Декартов лист		
16	Верзьера Аньези		
17	Конходиа Никомеда		

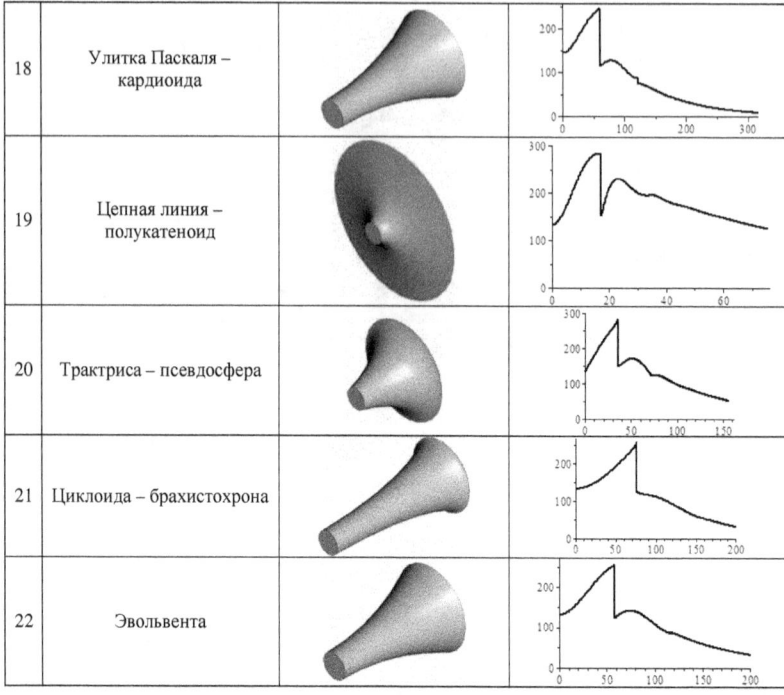

18	Улитка Паскаля – кардиоида		
19	Цепная линия – полукатеноид		
20	Трактриса – псевдосфера		
21	Циклоида – брахистохрона		
22	Эвольвента		

Основными параметрами, характеризующими рациональность ударного импульса, принятым в настоящем исследовании, являются:

– форма импульса;

– отношение величины максимальной амплитуды импульса к величине амплитуды импульса, генерируемой цилиндрическим бойком равного с волноводом сечения $\dfrac{F_{\max}}{F_0}$;

– длительность первой волны $t_{пв}$, $мкс$;

– отношение импульса силы исследуемого бойка к импульсу силы цилиндрического бойка равного с волноводом сечения $\dfrac{p}{p_0} \cdot 100, \%$.

Сравнительный анализ (рисунок 1) полученных форм ударных импульсов позволил сделать следующие выводы.

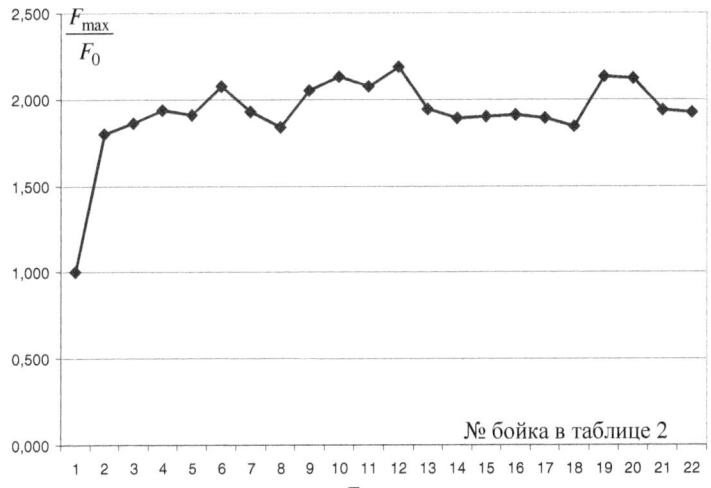

Рис. 1 – График значений $\dfrac{F_{max}}{F_0}$ для исследуемых бойков

Значение отношения $\dfrac{F_{max}}{F_0}$ превышает 2,0 для бойков с образующими боковой поверхности следующих видов: парабола квадратичная повернутая; тангенсоида; политропа квадратичная; политропа кубическая; экспонента; цепная линия – полукатеноид; трактриса – псевдосфера.

Максимальное значение $\dfrac{F_{max}}{F_0} = 2{,}189$ соответствует ударнику, выполненному по экспоненте; минимальное 1,8 – цилиндрическому бойку с сечением, большим сечения волновода в 3 раза.

Значение отношения $\dfrac{p}{p_0}\cdot 100$ превышает 88,0% для бойков с образующими боковой поверхности следующих видов (рисунок 3): гипербола – гиперболический; парабола квадратичная; парабола кубическая; политропа квадратичная; политропа кубическая; экспонента; Декартов лист; верзьера Аньези; улитка Паскаля – кардиоида; циклоида – брахистохрона; эвольвента.

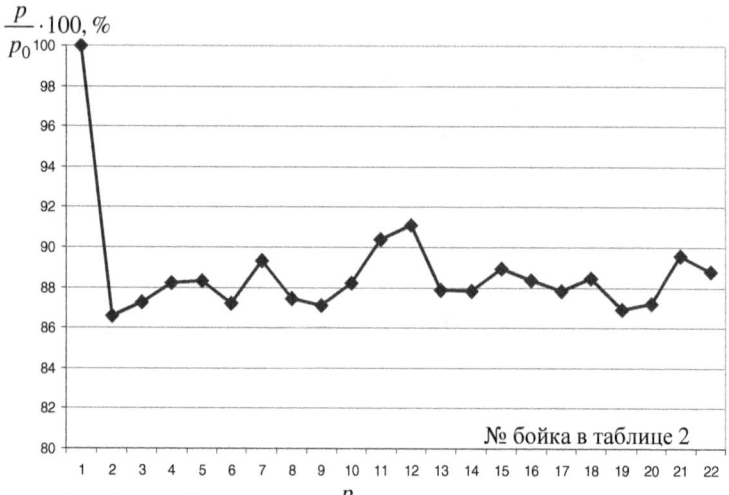

Рис. 2 – График значений $\dfrac{p}{p_0} \cdot 100$ для исследуемых бойков

Максимальное значение $\dfrac{p}{p_0} \cdot 100 = 91{,}1\%$ соответствует ударнику, выполненному по экспоненте; минимальное 86,6% – цилиндрическому бойку с сечением, большим сечения волновода в 3 раза. Однако, не смотря на указанные преимущества, экспоненциальный боёк генерирует ударный импульс со значительной по длительности «площадкой текучести» на переднем фронте и дальнейшем интенсивном нарастании амплитуды, что может обусловить его непригодность для практики.

Следующим по достижению максимального значения $\dfrac{F_{\max}}{F_0} = 2{,}132$ является ударник с образующей, выполненной по цепной линии – катене. Для такого бойка $\dfrac{p}{p_0} \cdot 100 = 86{,}9\%$. А следующим по достижению максимального значения $\dfrac{p}{p_0} \cdot 100 = 90{,}4\%$ является боёк, образованный по кубической политропе, однако длительность первой волны импульса от такого бойка составляет 89,5мкс (рисунок 3), что не позволяет эффективно использовать энергию удара бойка и может привести к возникновению вибраций машины, превышающих допустимые нормы, в силу наложения второй волны импульса на первую раньше её истечения.

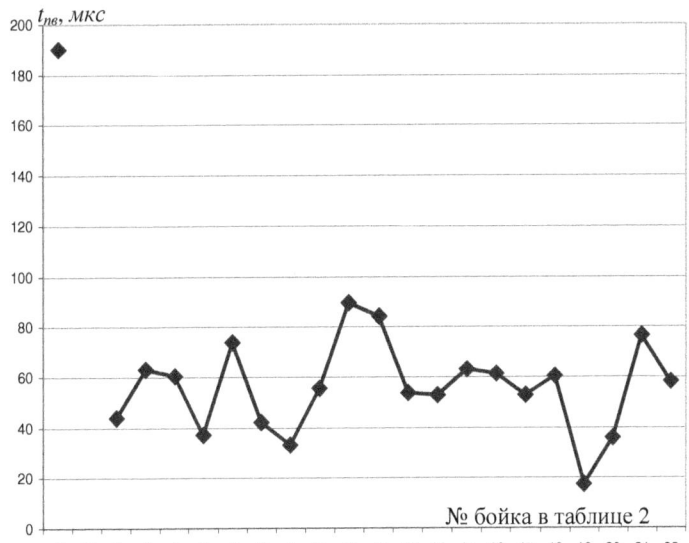

Рис. 3 – Длительность первой волны импульса исследуемых бойков

Среди найденных решений уникальными по форме ударными импульсами обладают бойки, образованные с использованием следующих кривых:

– наклонная прямая: конический боёк, исследованный Л.Т. Дворниковым и И.Д. Шапошниковым [9, 10], генерирует ударный импульс с нарастающей амплитудой с убывающей интенсивностью и обладает одним из главных преимуществ по сравнению со всеми другими бойками – простотой геометрической формы;

– гипербола: для гиперболического бойка, разработанного Дворниковым Л.Т. и Мясниковым А.А. [11], $\dfrac{F_{\max}}{F_0} = 2{,}327 = \max$ по сравнению со всеми видами бойков при $\dfrac{D}{d_0} = 6{,}67$;

– цепная линия: полукатеноидальный боёк, запатентованный и исследованный автором настоящей статьи совместно с профессором Л.Т. Дворниковым [12-14], генерирует импульс с предельным максимальным значением $\dfrac{F_{\max}}{F_0} = 2{,}132$ при $\dfrac{D_{неуд}}{D_{уд}} = 6{,}67$; с минимальным временем первой волны;

– трактриса: для псевдосферического ударника, разработанного Дворниковым Л.Т. и Федотовым Г.В. [15], $\dfrac{F_{\max}}{F_0} > 2$, амплитуда на

103

переднем фронте нарастает по линейному закону, отклонение от линейности не превышает 1,5%.

Таким образом, можно констатировать, что наиболее рациональными с точки зрения эффективности использования энергии удара и простоты геометрии являются бойки конический, гиперболический, полукатеноидальный и псевдосферический [16].

Выводы

1. Рациональный выбор форм бойков ударных механизмов позволяет наиболее эффективно использовать энергию удара.
2. Созданная база данных известных запатентованных форм бойков позволяет в короткие сроки решать задачу выбора конструкции бойка ударной системы для конкретных условий эксплуатации.
3. Найденные решения ударных импульсов, генерируемых бойками различных форм, положены в основу базы данных «Справочник ударных импульсов бойков, выполненных в форме тел вращения», которая позволяет осуществлять подбор рациональной формы бойка в зависимости от заданной формы ударного импульса.
4. Применение разработанных и исследованных технических решений форм бойков [14] позволяет создавать и совершенствовать высокоэффективные ударные системы технологического назначения, в частности, применяемые при разрушении хрупких сред.

Список литературы

1. Жуков И.А. Бойки ударных механизмов, имеющие аналитическое решение / И.А. Жуков, Л.Т. Дворников // Справочник. Инженерный журнал. – 2008. – №10(139). – С. 17-20.
2. Иванов К.И. Техника бурения при разработке месторождений полезных ископаемых. Изд. 2, перераб. / К.И. Иванов, М.С. Варич, В.И. Дусев и др. – М.: Недра, 1974. – 408 с.
3. Жуков И.А. Анализ форм бойков ударных систем графоаналитическим методом / И.А. Жуков, Л.Т. Дворников // Вестник компьютерных и информационных технологий. – 2009. – №1. – С. 15-19.
4. Свидетельство №2007613024. Анализ форм бойков ударных механизмов / Дворников Л.Т., Жуков И.А. (РФ) – №2007611961; поступление 18.05.2007; зарегистр. 11.07.2007.
5. Свидетельство ПВМ №2015662766. Ударный импульс 2.0 / Тимофеев Е.Г., Жуков И.А. (РФ) – №2015619792; поступление 13.10.2015; зарегистр. 01.12.2015.
6. Жуков И.А. Фундаментальные основы исследования ударных систем и компьютерные инструментальные средства для их разработки и модернизации // Актуальные проблемы в машиностроении. – 2015. – №2. – С. 71-76.
7. Жуков И.А. Базы данных результатов исследований ударных импульсов, генерируемых в волноводах машин ударного действия

бойками сложных форм / И.А. Жуков, А.Я. Андреева // Молодые ученые – основа будущего машиностроения и строительства: Сборник научных трудов Международной научно-технической конференции. – Курск: Изд-во ЗАО «Университетская книга», 2014. – С. 117-122.

8. Свидетельство БД №2013620699. Справочник аналитических решений ударных импульсов бойков, выполненных в форме тел вращения / Жуков И.А., Андреева Я.А. (РФ) – №2013620381; поступление 16.04.2013; зарегистр. 13.06.2013.

9. Алимов О.Д. Бурильные машины / О.Д. Алимов, Л.Т. Дворников – М.: Машиностроение, 1976. – 295 с.

10. Шапошников И.Д. Исследование волновых ударных импульсов с целью повышения эффективности работы вращательно-ударных механизмов бурильных машин: автореф. дисс. … кан. тех. наук. / Шапошников Израиль Давидович. – Фрунзе, 1969.

11. Мясников А.А. Обоснование рациональной конструкции механического генератора волн продольных колебаний машин ударного действия для разрушения горных пород: автореф. дисс. … кан. тех. наук. / Мясников Алексей Андреевич. – Фрунзе, 1982.

12. Дворников Л.Т. Продольный удар полукатеноидальным бойком: Моногр. / Л.Т. Дворников, И.А. Жуков. – Новокузнецк: СибГИУ. – 2006. – 80 с.

13. Жуков И.А. Полукатеноидальный боёк ударных систем // Современные проблемы теории машин. 2013. – №1. – С. 171-179.

14. Жуков И.А., Дворников Л.Т. Новые конструктивные решения бойков горных машин ударного действия. – North Charleston: CreateSpace, 2015. – 130 с.

15. Федотов Г.В. Повышение эффективности ударных воздействий за счет изменения конфигурации ударяющих тел: дис. кан. тех. наук / Федотов Геннадий Васильевич. – Фрунзе, 1989. – 94 с.

16. Жуков И.А. Продольный удар цилиндро-псевдосферическим бойком // Проблемы механики современных машин: Материалы V международной конференции. – Улан-Удэ: Изд-во ВСГУТУ, 2012. – Т. 2. – С. 192-195.

SYSTEMATIZATION OF TECHNICAL SOLUTIONS GEOMETRY OF ANVIL BLOCKS OF MINING PERCUSSION MACHINES
Zhukov I.A.

Keywords: impact, anvil block, pulse, destruction.
Abstract. Present the solution more effective use of impact energy to percussion machines by rational choice form anvil blocks. The description of known and new, author's constructive solutions of anvil blocks. The results of the comparative analysis of theoretical solutions of anvil blocks of different forms, and provides practical guidance on the use in machines.

References

1. Zhukov I.A. Bojki udarnyx mexanizmov, imeyushhie analiticheskoe reshenie / I.A. Zhukov, L.T. Dvornikov // Spravochnik. Inzhenernyj zhurnal. – 2008. – №10(139). – S. 17-20.
2. Ivanov K.I. Texnika bureniya pri razrabotke mestorozhdenij poleznyx iskopaemyx. Izd. 2, pererab. / K.I. Ivanov, M.S. Varich, V.I. Dusev i dr. – M.: Nedra, 1974. – 408 s.
3. Zhukov I.A. Analiz form bojkov udarnyx sistem grafoanaliticheskim metodom / I.A. Zhukov, L.T. Dvornikov // Vestnik komp'yuternyx i informacionnyx texnologij. – 2009. – №1. – S. 15-19.
4. Svidetel'stvo №2007613024. Analiz form bojkov udarnyx mexanizmov / Dvornikov L.T., Zhukov I.A. (RF) – №2007611961; postuplenie 18.05.2007; zaregistr. 11.07.2007.
5. Svidetel'stvo PVM №2015662766. Udarnyj impul's 2.0 / Timofeev E.G., Zhukov I.A. (RF) – №2015619792; postuplenie 13.10.2015; zaregistr. 01.12.2015.
6. Zhukov I.A. Fundamental'nye osnovy issledovaniya udarnyx sistem i komp'yuternye instrumental'nye sredstva dlya ix razrabotki i modernizacii // Aktual'nye problemy v mashinostroenii. – 2015. – S. 71-76.
7. Zhukov I.A. Bazy dannyx rezul'tatov issledovanij udarnyx impul'sov, generiruemyx v volnovodax mashin udarnogo dejstviya bojkami slozhnyx form / I.A. Zhukov, A.Ya. Andreeva // Molodye uchenye – osnova budushhego mashinostroeniya i stroitel'stva: Sbornik nauchnyx trudov Mezhdunarodnoj nauchno-texnicheskoj konferencii. – Kursk: Izd-vo ZAO «Universitetskaya kniga», 2014. – S. 117-122.
8. Svidetel'stvo BD №2013620699. Spravochnik analiticheskix reshenij udarnyx impul'sov bojkov, vypolnennyx v forme tel vrashheniya / Zhukov I.A., Andreeva Ya.A. (RF) – №2013620381; postuplenie 16.04.2013; zaregistr. 13.06.2013.
9. Alimov O.D. Buril'nye mashiny / O.D. Alimov, L.T. Dvornikov – M.: Mashinostroenie, 1976. – 295 s.
10. Shaposhnikov I.D. Issledovanie volnovyx udarnyx impul'sov s cel'yu povysheniya e'ffektivnosti raboty vrashhatel'no-udarnyx mexanizmov buril'nyx mashin: avtoref. diss. ... kan. tex. nauk. / Shaposhnikov Izrail' Davidovich. – Frunze, 1969.
11. Myasnikov A.A. Obosnovanie racional'noj konstrukcii mexanicheskogo generatora voln prodol'nyx kolebanij mashin udarnogo dejstviya dlya razrusheniya gornyx porod: avtoref. diss. ... kan. tex. nauk. / Myasnikov Aleksej Andreevich. – Frunze, 1982.
12. Dvornikov L.T. Prodol'nyj udar polukatenoidal'nym bojkom: Monogr. / L.T. Dvornikov, I.A. Zhukov. – Novokuzneck: SibGIU. – 2006. – 80 s.
13. Zhukov I.A. Polukatenoidal'nyj boyok udarnyx sistem // Sovremennye problemy teorii mashin. 2013. – №1. – S. 171-179.
14. Zhukov I.A., Dvornikov L.T. New constructive solutions of anvil-blocks of percussion mining machines. – North Charleston: CreateSpace, 2015. – 130 p.
15. Fedotov G.V. Povyshenie e'ffektivnosti udarnyx vozdejstvij za schet izmeneniya konfiguracii udaryayushhix tel: dis. kan. tex. nauk / Fedotov Gennadij Vasil'evich. – Frunze, 1989. – 94 s.
16. Zhukov I.A. Prodol'nyj udar cilindro-psevdosfericheskim bojkom // Problemy mexaniki sovremennyx mashin: Materialy V mezhdunarodnoj konferencii. – Ulan-Ude': Izd-vo VSGTU, 2012. – T. 2. – S. 192-195.

УДК 624.042:539.4

МОДЕЛИРОВАНИЕ ДВИЖЕНИЯ ГУСЕНИЧНОЙ МАШИНЫ ПРИ СЛУЧАЙНОМ КИНЕМАТИЧЕСКОМ ВОЗДЕЙСТВИИ

Егодуров Г.С., Бочектуева Е. Б., Балданов А.Б.
Восточно-Сибирский государственный университет технологий и управления, Улан-Удэ

Ключевые слова: система подрессоривания – подвеска; качество защиты; гусеничный транспорт; математическая модель; случайное кинематическое воздействие; корреляционная функция; стохастическая устойчивость.
Аннотация. В статье предложено улучшение качества защиты транспортной системы от внешних воздействий при помощи направленного использования нелинейных эффектов на примере математической модели движения гусеничного транспортного средства, подверженного случайному кинематическому воздействию.

Одним из важнейших элементов любой транспортной системы, определяющим ее динамические качества, является система подрессоривания – подвеска; от того, как она спроектирована, существенным образом зависят проходимость, устойчивость, надежность работы и скорость транспортной машины, а также сохранность перевозимых грузов и самочувствие находящихся в ней людей. Поэтому вопрос создания рациональной подвески относится к числу важнейших проблем транспортного машиностроения.

Рассмотрим математическую модель движения гусеничного транспортного средства (рис. 1,*а*), подверженного внешнему случайному кинематическому воздействию. На рис. 1,*а* обозначены: M– подрессоренная масса; c–приведенные жесткости рессор; μ– коэффициент вязкого сопротивления амортизаторов; U_k–вертикальное перемещение катка относительно корпуса машины; l_i–расстояния от центра колеса до поперечной плоскости, проходящей через центр тяжести машины; v– скорость движения.

Для решения задачи примем следующие значения:
1) корпус машины – жесткое тело, т.е. его деформациями пренебрегаем;
2) проекция скорости движения центра тяжести машины на направление движения – постоянная величина;
3) реакция грунта в продольном и поперечном направлениях отсутствует;
4) неуравновешенность и гироскопические моменты вращающихся масс трансмиссии и двигателя равны нулю;
5) контакт катка с гусеницей точечный.

Профиль дороги рассматривался как стационарный нормальный случайный эргодический процесс с корреляционной функцией [1]:

$$K(\tau) = \sigma_0^2 e^{-\alpha|x|}\left(cos(\beta\tau) + \frac{\alpha}{\beta}sin(\beta|\tau|) \right), \tag{1}$$

где σ_0^2, α, β – параметры, зависящие от типа дороги и ее состояния. Реализации процесса под обеими гусеницами считались различными.

По данным, приведенным в работе А.А. Силаева, сила упругого сопротивления рессор может быть представлена выражением:

$$P(U) = C(U + \gamma U^m),\qquad(2)$$

где C – жесткость рессоры; U – перемещение катка относительно корпуса машины; γ – параметр нелинейности; m – целое число ($m = 1,2,3$), а сила вязкого сопротивления амортизатора – зависимость вида:

$$P(\dot{U}) = \mu \dot{U}^i,\qquad(3)$$

где μ – коэффициент вязкого сопротивления; $\dot{U}$ – относительная скорость перемещения катка; i – целое число ($i = 1,3$).

При помощи уравнения Лагранжа 2-го рода:

$$\frac{d}{dt}\left(\frac{\partial T}{\partial \dot{q}_j}\right) - \frac{\partial T}{\partial q_j} = Q_j \qquad(4)$$

получим систему дифференциальных уравнений движения транспортной машины. При этом кинетическая энергия системы

$$T = T_1 + T_2 + T_3 + T_4,\qquad(5)$$

где T_1– кинетическая энергия корпуса машины; T_2– кинетическая энергия гусениц; T_3– кинетическая энергия деталей двигателя; T_4– кинетическая энергия катков.

После преобразований система уравнений движения приводится к виду [1, 2]:

$$\begin{cases} \ddot{Z} = \sum_{j-1}^{2n}\left[b_{11j}\left(U_j + \gamma U_j^m\right) + b_{12j}\dot{U}_j^i\right] - b_{13}P_{в.к.}; \\[2ex] \ddot{\varphi} = \sum_{j-1}^{2n}\left[b_{21j}\left(U_j + \gamma U_j^m\right) + b_{22j}\dot{U}_j^i\right] - b_{23}P_{в.к.}; \\[2ex] \ddot{v} = \sum_{j-1}^{2n}\left[b_{31j}\left(U_j + \gamma U_j^m\right) + b_{32j}\dot{U}_j^i\right] - b_{33}P_{в.к.} \end{cases}\qquad(6)$$

где b_{13}, b_{23}, b_{33}, b_{kj} – коэффициенты; n – число катков одного борта; $P_{в.к.}$– сила тяги на ведущем колесе.

На основании (6) с использованием методов статистического моделирования составлена программа, позволяющая моделировать движение по дороге гусеничного транспортного средства со случайным профилем. Результаты, полученные с помощью натурного эксперимента и путем численного моделирования, приведены на рис. 2. Характеристики машины имели следующие значения:

$$G_0 = -42 \cdot 10^4 \, H; \quad J_{0u} = 1.6 \cdot 10^5 \, Hмc^2; \quad J_{0x} = 9 \cdot 10^4 \, Hмc^2;$$

$$C = 24 \cdot 10^4 \, H \, / \, \text{м}; \quad n = 6; \quad \mu = 36 \cdot 10^4 \, H c^3 \, / \, \text{м}^3; \quad m = 1; \quad i = 3,$$

где G_0–вес машины; J_{0u}, J_{0x} – моменты инерции корпуса.

Транспортная машина считалась симметричной. Амортизаторы расположены вдоль борта на 1, 3, 6 катках. На рис. 1,b представлены зависимости среднего ускорения на месте водителя от скорости движения машин, а на рис. 1,c – зависимости среднего числа выбросов (выход параметров качества системы за допустимые границы) от скорости движения.

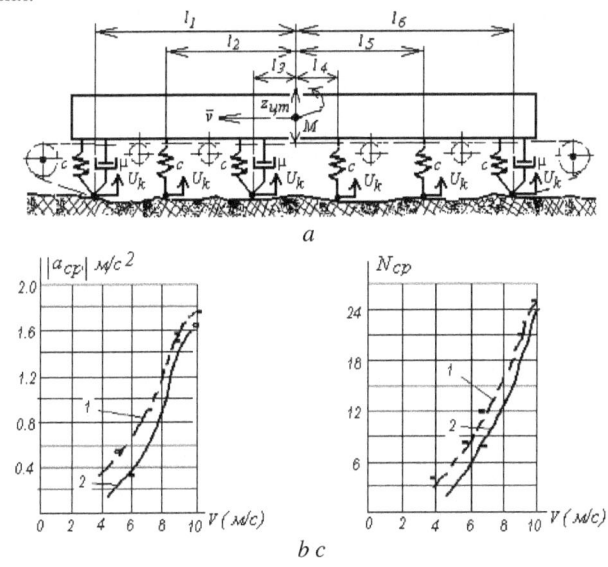

Рис. 1 – a) Расчетная колебательная схема транспортного средства; b) зависимость среднего ускорения на месте водителя и c) среднего числа выбросов от скорости движения машины: 1 - моделирование; 2 - эксперимент

Определим оптимальные параметры системы подрессоривания гусеничного транспортного средства в зависимости от скорости движения и дорожных условий [1]. Оптимизация параметров проведена по критерию максимума надежности, согласно которому за заданное время функционирования вероятность безотказной работы системы должна быть максимальной:

$$R\!\left(T^*\right) \to max, \tag{7}$$

где $R\!\left(T^*\right)$ – функция надежности; T^* – заданное время функционирования системы.

Предположим далее, что процессы на выходе системы близки к нормальным, т.е. воспользуемся гипотезой квазинормальности, сформулированной М.Д. Миллионщиковым. Будем также считать, что для правильно спроектированной системы подрессоривания выброс параметров качества из допустимой области пространства качества – явление достаточно редкое. В этом случае, поскольку выходной процесс близок к нормальному и стационарен, критерий максимума надежности может быть заменен критерием минимума числа выбросов из допустимой области в единицу времени

$$V \to min, \qquad (8)$$

где V – интенсивность отказов.

Для систем гауссовского типа в случае отказа n - мерного качества формула для нахождения верхней границы интенсивности отказов имеет вид:

$$v \le \sum_{k-1}^{n} \frac{\omega_k}{2\pi} \left\{ exp\left[-\frac{\left(v_k^* - a_k\right)^2}{2\sigma_k^2} \right] + exp\left[-\frac{\left(v_k^{**} - a_k\right)^2}{2\sigma_k^2} \right] \right\}, \qquad (9)$$

где ω_k – эффективные частоты векторного процесса $\overrightarrow{v}(t)$; a_k – математические ожидания компонент процесса $\overrightarrow{v}(t)$; σ_k^2 – дисперсии компонент процесса $\overrightarrow{v}(t)$; v_k^*, v_k^{**} – ограничения сверху и снизу, наложенные на компоненты процесса $\overrightarrow{v}(t)$.

При этом случае, когда выбросы – редкие события, оценка сверху близка к истинной. Таким образом, имеем классическую задачу многопараметрической оптимизации, в которой в качестве целевой функции, которая должна соответствовать минимуму, выступает интенсивность отказов V. Для решения этой задачи использовались численные методы, основанные на соответствующих алгоритмах отыскания минимума функции многих переменных. При этом значения a_k, σ_k, ω_k находятся непосредственно в процессе решения задачи оптимизации из системы уравнений (6) при помощи спектральных методов.

Результаты решения задачи оптимизации конструктивных параметров системы подрессоривания гусеничной транспортной машины с характеристиками, приведенными ранее, показаны на рис. 2.

В рассматриваемом случае введены безразмерные переменные:

$$H^* = \frac{H_{cm}}{H_{cm.on.}}; \quad N^* = \frac{N_{cp}}{N_{cp.on.}}; \quad a^* = \frac{a_{cp}}{a_{cp.on.}}; \quad C^* = \frac{c}{c_{on.}}; \quad \mu^* = \frac{\mu_{cp}}{\mu_{cp.on.}};$$

При этом значения найденных оптимальных конструктивных параметров системы подрессоривания и соответствующих им параметров качества равны [1]:

$$C_{on} = 6.8 \cdot 10^5 \, H/м; \quad \mu_{cp.on.} = 6.12 \, Hc^3/м^3;$$

$$a_{cp.on.} = 1.69 \, м/c^2; \quad N_{cp.on.} = 16; \quad H_{cp.on.} = 0.06 \, м,$$

где H_{cm} – статический ход катка; a_{cp} – среднее ускорение на месте водителя; c –средний коэффициент жесткости рессор; μ_{cp} – средний коэффициент демпфирования амортизаторов; N_{cp} – среднее число выбросов из пространства качества за время испытания.

Исследуем стохастическую устойчивость стационарного решения, соответствующего найденным конструктивным параметрам системы подрессоривания, относительно совокупности моментных функций. Это необходимо из-за возможности появления неустойчивых решений, поскольку исследуемая система является нелинейной [1, 2].

Для суждения об устойчивости стационарного решения была получена система дифференциальных уравнений в возмущениях, которая в векторно-матричной форме имеет вид:

$$\ddot{q}(t) + f_1\,\dot{q}(t) + f_2\,q(t) = 0, \tag{10}$$

где $q(t) = \{q_1 ... q_n\}^T$ – вектор-функция возмущений; f_1, f_2 – матрицы размерностью $n \times n$, компоненты которых зависят от статистических характеристик исследуемого стационарного решения.

Система (10) совместно с системой (6) образует систему марковского типа в расширенном пространстве фазовых переменных. Дифференциальные уравнения относительно моментных функций могут быть получены из нее либо при помощи правила дифференцирования Ито и операции осреднения, либо при помощи прямого уравнения Колмогорова. После замыкания полученной бесконечной связанной системы дифференциальных уравнений на уровне моментов второго порядка при помощи гипотезы квазигауссовости и линеаризации ее около тривиального решения, приходим к системе:

$$\frac{dm_1^{ч}}{dt} = H m_1^{ч}, \tag{11}$$

где ч = 2 – уровень замыкания; $m_1^{ч}$ – вектор моментов, составленный из моментных функций до порядка ч включительно; H – числовая матрица.

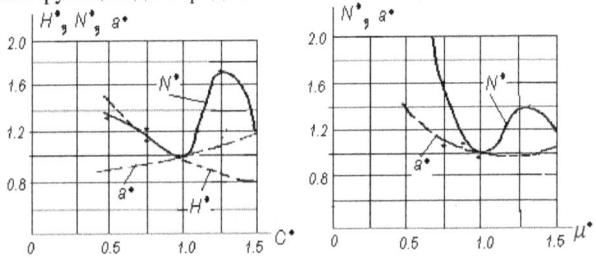

Рис. 2 – Результаты решения задачи оптимизации

Если для этой системы выполняются условия теоремы Ляпунова об устойчивости по первому приближению, то тривиальное решение исходной системы устойчиво.

Для суждения об устойчивости использовался численный метод, основанный на критерии устойчивости Зубова, в основе которого лежит отображение левой полуплоскости характеристик показателей на внутренность единичного круга. Критерий реализуется путем возведения матрицы R в высокие степени:

$$R = (H - T)^{-1}(H + E), \qquad (12)$$

где H – числовая матрица из (11).

После исследования устойчивости стационарного решения принимается окончательное решение о целесообразности применения соответствующих этому решению конструктивных параметров.

На рис. 3 приведены кривые изменения некоторых основных параметров качества для оптимизированной и неоптимизированной системы подрессоривания. Из рисунков видно, что величина среднего ускорения на месте водителя в обоих случаях находится в допустимых пределах (менее *3 м/c²*), а среднее количество выбросов за время испытания в оптимизированной системе значительно меньше, чем в неоптимизированной (в неоптимизированной системе количество выбросов при скорости *10 м/c* достигло допустимого предела).

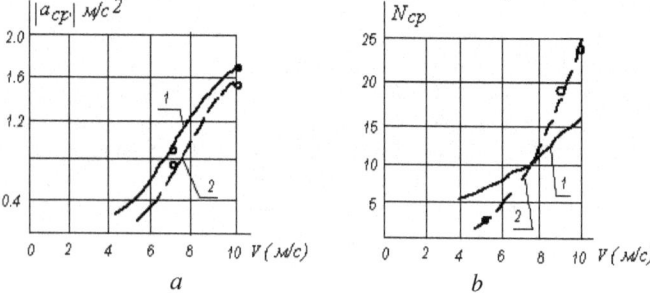

Рис. 3 – Изменение исходных основных параметров качества:
а) оптимизированной и *b*) неоптимизированной системы подрессоривания; 1–оптимизированная подвеска; 2–реальная подвеска

Поскольку максимальная скорость движения транспортной системы в большинстве случаев бывает ограничена не тяговыми возможностями двигателя, а числом выбросов в системе, то существует реальная возможность ее увеличения без существенных конструктивных изменений за счет оптимизации конструктивных параметров системы подрессоривания применительно к характерным условиям эксплуатации.

Список литературы

1. Вафин Р.К., Егодуров Г.С. Расчет нелинейных систем подрессоривания при случайном кинематическом воздействии // Расчет облегченных элементов конструкций: межвуз. сб. науч. тр. – Чита, 1993. – С. 49-55.

2. Вафин Р.К., Егодуров Г.С. и др. Динамика, прочность и живучесть элементов машиностроительных конструкций в задачах и примерах. – Улан-Удэ: Бурят. кн. изд-во, 1997. – 286 с.
3. Вафин Р.К., Егодуров Г.С., Зангеев Б.И. и др. Расчеты на прочность элементов машиностроительных конструкций в среде Mathcad. – Старый Оскол: ООО "ТНТ", 2006. – 580 с.

SIMULATION OF TRACKED VEHICLE MOTION WHILE ACCIDENTAL KINEMATIC ACTION

Egodurov G.S., Bothectueva E.B., Baldanov A.B.

Keywords: cushioning system – suspension; protection quality; tracked vehicles; mathematical model; random kinematic action; function of correlation; stochastic stability.

Abstract. The article brings forward quality improvement of transport system protection against external actions by directed use of nonlinear effects. The research was carried out on the example of mathematical model of tracked vehicle motion in case of random kinematic action.

References
1. Vafin R.K., Egodurov G.S. Calculation of nonlinear systems of spring at casual kinematic influence // Calculation of the facilitated elements of designs: The interuniversity collection of proccedings. – Chita, 1993. – P. 49-55.
2. Vafin R.K., Egodurov G.S., etc. Dynamics, durability and survivability of elements of machine-building designs in problems and examples. – Ulan-Ude: The Buryat book publishing house, 1997. 286 P.
3. Vafin R.K., Egodurov G.S., Zangeev B.I. etc. Calculations on strength of elements of machine-building designs in Mathcad environment - The Old Oskol: LLC ' TNT ', 2006. – 580 P.

УДК 621.81:62-752

РАССЕЯНИЕ ЭНЕРГИИ КОЛЕБАНИЙ В ТЕКСТИЛЬНЫХ ПАКОВКАХ

Рудовский П.Н.[1], Палочкин С.В.[2]

[1]*Костромской государственный технологический университет, Кострома*
[2]*Московский государственный технический университет им. Н.Э. Баумана, Москва*

Ключевые слова: текстильная машина, мотальный механизм, динамика, демпфирование колебаний, текстильная паковка, диссипативные свойства, коэффициент поглощения, рассеяние энергии колебаний за цикл.

Аннотация. Изложены результаты экспериментальных и аналитических исследований с целью определения количественных характеристик рассеяния энергии колебаний в текстильных паковках для реальной оценки демпфирующей способности мотального механизма текстильной машины.

Среди свойств колебательных систем машин различного отраслевого назначения способность демпфировать колебаний остается до настоящего времени наименее изученной. При этом знание диссипативных свойств узлов крайне важно для расчётов виброустойчивости машины и разработки конструктивных мероприятий по её повышению.

Современные текстильные машины и их узлы следует рассматривать как колебательные системы, находящиеся во взаимодействии с технологической нагрузкой. Производительность и качество продукции этих машин во многом определяются работой их мотальных механизмов, совершенствование конструкций которых немыслимо без глубоких исследований протекающих в них динамических процессов.

Для построения динамических моделей мотальных механизмов необходимо знать не только инерционные и упругие [1, 2], но и диссипативные характеристики их элементов и узлов, а также учитывать влияние параметров формируемой текстильной паковки [3] на общую динамику механизма.

Анализ результатов исследований в области демпфирования колебаний [4] показал, что к настоящему времени имеются достаточно обширные расчётно-экспериментальные данные по диссипативным характеристикам различных конструкционных материалов и рассеянию энергии колебаний в сопряжениях деталей и узлах общемашиностроительного применения: плоских, цилиндрических и конических стыках деталей, резьбовых и прессовых соединениях, подшипниках скольжения и качения и др., используемых в мотальных механизмах текстильных машинах. Процесс же рассеяния энергии колебаний в текстильных паковках мало изучен, практически не определены количественные характеристики их диссипативных свойств, необходимые для реальной оценки демпфирующей способности мотального механизм в целом. Решению данной проблемы и были посвящены экспериментальные и аналитические исследования авторов и их учеников, обобщенные результаты которых представлены в настоящей статье.

В качестве количественных показателей для оценки диссипативных свойств паковок были использованы, как обычно [4], рассеяние энергии W колебаний за цикл и коэффициент поглощения (относительное рассеяние) $\psi = W / E$, где $E = 0{,}5ca_{max}^2$ - наибольшее значение потенциальной энергии упругого элемента конструкции мотального механизма, c - жесткость колебательной системы, a_{max} - максимальная амплитуда колебаний.

В большинстве случаев надёжные оценки демпфирования колебаний могут быть получены только опытным путём. Поэтому на первом этапе работы были проведены экспериментальные исследования рассеяния энергии колебаний в початках пряжи, формируемых крутильно-мотальными механизмами кольцевых прядильных и крутильных машин [5, 6].

Для проведения испытаний был спроектирован и изготовлен специальный стенд, конструкция которого с целью уменьшения утечки энергии на соответствующие колебательные процессы фундамента и самого стенда удовлетворяла следующим требованиям: обеспечение высокой жесткости и массивности основания, применение конструкции с минимальным числом стыков и обеспечение высоких напряжений затяжки стыков. Роль упругого элемента выполняла свободная консольная часть шпинделя веретена, короткий конец которого был неподвижно закреплён на основании. Колебательная система стенда с целью устранения колебаний высших тонов и ортогональных была приближена к системе с одной степенью свободы, для чего на свободном конце шпинделя с помощью дополнительного плотного резьбового соединения установлен груз, масса и момент инерции которого относительно точки заделки была значительно больше масс и моментов инерции остальных колеблющихся элементов.

В качестве основного метода испытаний был выбран метод «затухающих колебаний», который в силу его достоинств до настоящего времени остаётся наиболее универсальным и самым распространенным. Метод «статической петли гистерезиса» был использован в качестве дополнительного для проверки результатов, полученных по методу «затухающих колебаний», и для определения жесткости колебательной системы стенда.

Для регистрации свободных затухающих колебаний опытных образцов была использована сертифицированная система автоматизированной регистрации, сбора и обработки экспериментальных данных «AC Test» [7] с индуктивным датчиком виброускорений. В ходе статических испытаний величину силы, приложенной к грузу с целью создания того или иного смещения, измеряли электронным динамометром, а величину самого смещения - с помощью устройства, состоящего лазерной указки и мерительной линейки.

Разработанная методика проведения экспериментальных исследований базировалась на следующих допущениях:

– при конструкционном демпфировании частота колебаний практически не влияет на величину коэффициента ψ, то есть силы трения, действующие на контактных поверхностях, приближенно можно считать следующими закону Амонтона - Кулона;

– жесткость колебательной системы стенда, приближенной к системе с одной степенью свободы, можно считать постоянной независимо от того, установлены или нет на шпиндель шпуля или шпуля с початком пряжи;

– суммарное рассеяние W_Σ энергии колебаний в конструкции равно сумме энергий, рассеянных в ее различных стыках и элементах, т.е.

$$\psi_\Sigma = W_\Sigma / E = (W_1 + W_2 + W_3) / E = \psi_1 + \psi_2 + \psi_3,$$

где W_1, W_2, W_3 и ψ_1, ψ_2, ψ_3 - соответственно, рассеяния энергии за цикл колебаний и коэффициенты поглощения в конструкции стенда с установленным шпинделем, в соединении шпули текстильной паковки со шпинделем веретена и в самой текстильной паковке (початке пряжи).

В ходе проведенных исследований получены следующие основные результаты, в целом подтверждающие правомочность сделанных допущений и принятой методики испытаний:

1. Изменение частоты колебаний опытных образцов при замене основного груза массой 7,8 кг на груз массой 4кг при прочих равных условиях практически не влияет на величину относительного рассеяния в системе, что подтверждает возможность использования формулы $\psi = 2\delta$ для расчёта коэффициентов поглощения, где δ - логарифмический декремент колебаний [4].

2. Частота колебаний шпинделя с насадкой при постоянной массе груза практически не меняется при установке на него шпули или шпули с текстильной паковкой, следовательно, жесткость колебательной системы стенда можно считать постоянной на всех этапах испытаний.

3. Экспериментальные значения коэффициентов поглощения составили: $\psi_1 = 0,125$; $\psi_2 = 0,05...0,06$; $\psi_3 = 0,05...0,26$ при жесткости колебательной системы стенда $c = 6,25$ Н/мм, начальной амплитуде колебаний $a_{max} = 8$ мм и массе початков от 30 до 150 г.

4. Демпфирование колебаний в початке пряжи увеличивается с ростом его массы и зависит от состава нарабатываемой пряжи. В початках пряжи из натуральных волокон рассеяние энергии колебаний выше, чем в початках пряжи из синтетических волокон. Среди початков из натуральных волокон относительное демпфирование в початках чистошерстяной пряжи больше, чем в початках хлопчатобумажной пряжи.

На последующих этапах работы были проведены аналогичные экспериментальные исследования для текстильных паковок с параллельной [8] и крестовой [9] намоткой, формируемых приёмно-намоточными механизмами различных текстильных машин.

Конструкция опытного стенда была подвергнута модификациям, связанным лишь с заменами шпинделя веретена, игравшего роль оправки и упругого элемента конструкции стенда, на новые консольные оправки, соответственно, цилиндрическую под патрон цилиндрической текстильной паковки с параллельной намоткой нити и конусную оправку под патрон конической паковки с крестовой намоткой нити. Система автоматизированной регистрации, сбора и обработки экспериментальных данных и методика проведения испытаний не менялись.

В условиях проведения новых экспериментов были подтверждены полученные ранее результаты и установлены следующие значения коэффициентов поглощения:

– в паковках с параллельной намоткой нити $\psi_3 = 0,03...0,11$ при жесткости колебательной системы стенда $c = 70$ Н/мм, начальной амплитуде колебаний $a_{max} = 2$ мм и массе тел намотки от 35 до 140 г;

– в паковках с крестовой намоткой нити $\psi_3 = 0,11...0,41$ при жесткости колебательной системы стенда $c = 67$ Н/мм, начальной амплитуде колебаний $a_{max} = 2$ мм и массе тел намотки от 100 до 300 г.

Сравнительный анализ результатов расчёта рассеяний энергии W колебаний за цикл в одинаковых по составу нитей и массе паковке с параллельной намоткой нити и початке пряжи при полученных численных значениях параметров ψ_3, c и a_{max} показал, что они совпадают с точностью до 10% [8].

При этом значения ψ_3 в паковках, одинаковых по составу нитей и массе, при крестовой намотке нити на 7...9% выше, чем при её параллельной намотке.

Результаты выполненных экспериментальных исследований были положены в основу разработки математической модели демпфирования колебаний в текстильных паковках, позволяющей проводить аналитические расчёты рассеяние энергии W колебаний за цикл в теле намотки на этапе проектирования мотального механизма и моделирования его динамики.

Большинство современных мотальных механизмов имеют консольную конструкцию шпинделя веретена или бобинодержателя, работа которых в процессе формирования текстильной паковки сопровождается поперечными колебаниями относительно их оси вращения. Рассеяние энергии таких колебаний в паковке происходит в основном за счёт потерь на трение при местных проскальзываниях в контактах сопряжённых витков нити.

При создании математической модели процесса рассеяния энергии колебаний в цилиндрической паковке с параллельной намоткой нити,

формируемой мотальным механизмом [10, 11], были приняты следующие допущения:
- нить является гибкой и по всей длине имеет практически постоянное круглое поперечное сечение;
- схемы упаковки слоёв намотки треугольная;
- трение между витками нити определяется законом Кулона - Амонтона;
- смещение слоя витков нити, прилегающего к поверхности оправки (шпули или бобины), относительно неё отсутствует;
- слои нити в теле намотки не перекрещиваются;
- поперечные деформации упругого элемента колебательной системы механизма (шпинделя веретена или бобинодержателя) с недвижно установленной на нём оправкой (шпулей или патроном) малы;
- при намотке паковки на оправку происходит деформация поперечных сечений нити, что способствует радиальному смещению витков каждого нижнего слоя к оси её вращения и, следовательно, снижению натяжения нити в витке и уменьшению его давления на нижележащие витки.

В результате выполненного аналитического исследования были получены следующие математические зависимости для численного расчёта полного рассеяния энергии W в цилиндрической текстильной паковке с параллельной намоткой нити за цикл изгибных колебаний оправки:

$$W = mW_c, \tag{1}$$

где

$$m = 2(l-d)/t, \tag{2}$$

$$W_c = 4\pi f d \Delta\alpha \int_0^y q(x,y)R(x,y)\partial x, \tag{3}$$

$$\Delta\alpha = 0{,}5\left[\arccos\left(0{,}5t(1 - \frac{2R_0 v}{v^2 + l^2})/d\right) - \arccos\left(0{,}5t(1 + \frac{2R_0 v}{v^2 + l^2})/d\right)\right], \tag{4}$$

$$q(x,y) = \frac{T_0}{R_0 + xd\sin\alpha} + \frac{T_0}{d\sin\alpha}\left[\left(1 + \frac{xd\sin\alpha}{R_0}\right)^{k-0{,}5} + \left(1 + \frac{xd\sin\alpha}{R_0}\right)^{-k-0{,}5}\right] \times$$

$$\times (k-0{,}5)^{-1}\left[\left(1 + \frac{xd\sin\alpha}{R_0}\right)^{-(k-0{,}5)} - \left(1 + \frac{yd\sin\alpha}{R_0}\right)^{-(k-0{,}5)}\right], \tag{5}$$

$$R(x,y) = R_0 + yd\sin\alpha - cT_0\ln\left(1 + \frac{yd\sin\alpha}{R_0}\right)/(d\sin\alpha), \tag{6}$$

$$\sin\alpha = \sqrt{1 - (0{,}5t/d)^2}, \tag{7}$$

$$k = \sqrt{0{,}5 + cEA/(d^2\sin^2\alpha)}, \tag{8}$$

а величина y определяется из численного решения уравнения

$$yd\sin\alpha + R_0 - 0{,}5D = \frac{T_0 c}{d\sin\alpha}\ln\left(1 + \frac{yd\sin\alpha}{R_0}\right). \tag{9}$$

В приведенных уравнениях: m - число элементарных вертикальных кольцевых слоёв тела намотки; d - диаметр наматываемой нити; t - шаг намотки; l - длина тела намотки; W_c - рассеяние энергии колебаний за цикл в одном элементарном вертикальном кольцевом слое тела намотки; f - коэффициент трения между нитями; $\Delta\alpha$ - величина изменения угла α между линией контакта двух соседних витков и осью оправки при относительном проскальзывании этих витков за четверть цикла колебаний оправки; v - амплитуда колебаний оправки; R_0 - радиус внешней поверхности оправки; $q(x, y)$ - нормальная сила давления между витками двух соседних горизонтальных слоёв тела намотки, отнесенная к единице длины этих витков; x и y - текущая координата горизонтального слоя по толщине намотки и число намотанных горизонтальных слоёв паковки; T_0 - постоянная в процессе намотки сила натяжения нити; $R(x, y)$ - радиус горизонтального слоя намотки; k - коэффициент, учитывающий контакную c и продольную EA жёсткости нити [1], её диаметр и угол α; D - внешний диаметр тела намотки.

Установленный в ходе испытаний факт увеличения рассеяния энергии колебаний на 7…9% в паковке с крестовой намоткой нити по сравнению с паковкой параллельной намотки позволяет распространить разработанную расчётную модель на паковки с крестовой намоткой, представив уравнение (1) в виде

$$W = k_H m W_c, \qquad (10)$$

где k_H - коэффициент, учитывающий вид намотки и равный 1 при параллельной намотке нити и 1,08 при крестовой намотке.

В связи с тем, что решение уравнения (9) аналитически невозможно, а интегрирование (3) после подстановки в него (5) ведёт к громоздким теоретическим выкладкам, расчёты W целесообразно проводить численными методами на компьютере, например, с использованием известной системы «MathCAD».

Анализ полученных расчётных значений W при варьировании величин различных исходных параметров: d, t, l, D, f, c, EA и T_0, показал, что они достаточно хорошо совпадают с полученными ранее экспериментальными данными. Так, например, увеличение длины и внешнего диаметра тела намотки, а также увеличение шага намотки и уменьшение диаметра нити, т.е. увеличение массы паковки и плотности намотки ведут к росту рассеяния энергии колебаний и т.д.

Выводы

1. Экспериментально доказано, что в текстильных паковках происходит интенсивное демпфирование колебаний упругого элемента мотального механизма.
2. Для исследованных опытных образцов початков пряжи и текстильных паковок с параллельной и крестовой намоткой нити определены экспериментальные коэффициенты поглощения, значения которых в

условиях проведения испытаний в зависимости от массы тела намотки и состава нитей лежат диапазоне $\psi = 0,03...0,41$.

3. Установлено, что рассеяние энергии колебаний в паковке существенно увеличивается с ростом её массы. Следовательно, оно происходит в основном за счёт потерь на трение между витками и слоями наматываемых нитей, число которых растёт с увеличением этой массы.

4. В паковках нитей из натуральных волокон рассеяние энергии колебаний выше, чем в паковках из синтетических нитей, что очевидно связано с большим коэффициентом трения между натуральными волокнами. При этом относительное рассеяние в початках чистошерстяной пряжи больше, чем в початках хлопчатобумажной пряжи, что может быть объяснено повышенным трением между шерстяными волокнами, имеющими чешуйчатое строение.

5. В ходе испытаний выявлено, что относительное рассеяние ψ энергии колебаний в паковках с крестовой намоткой нити в среднем на 7...9% выше, чем в паковках с параллельной намоткой нити, при одинаковом составе нитей и массе тела намотки.

6. На базе анализа результатов проведённых экспериментальных исследований была разработана обобщённая математическая модель рассеяния энергии колебаний в текстильных паковках с параллельной и крестовой намоткой нити, позволяющая определять рассеяние энергии W колебаний за цикл в теле намотки.

7. Анализ результатов численных расчётов по созданной модели позволил установить характер влияния исходных параметров на величину W.

8. Адекватность модели подтверждена качественным и достаточно хорошим количественным совпадением расчётных данных с результатами экспериментов.

9. Представленные результаты исследований позволяют дать реальную оценку рассеяния энергии колебаний в мотальных механизмах текстильных машин и уточнить коэффициенты демпфирования, непосредственно используемые в уравнениях, моделирующих их динамику.

Список литературы

1. Рудовский П.Н. О методике измерения упругих констант слоя намотки // Известия высших учебных заведений. Технология текстильной промышленности. 1982. № 5. С. 21

2. Рудовский П.Н. Экспериментальное определение упругих констант слоя намотки // Известия высших учебных заведений. Технология текстильной промышленности. 1983. № 2. С. 30

3. Палочкин С.В., Рудовский П.Н., Нуриев М.Н. Методы и средства контроля основных параметров текстильных паковок: Монография. – М.: МГТУ им. А.Н. Косыгина, 2006. – 240 с.

4. Вибрации в технике: Справочник. В 6-ти т. – М.: Машиностроение, 1981. – Т. 6. Защита от вибраций и ударов / Под ред. К.В. Фролова, 1981 – 456с.
5. Колягин А.Ю. Экспериментальные исследования демпфирования колебаний в крутильно-мотальном механизме / А.Ю. Колягин, С.В. Палочкин // Известия высших учебных заведений. Технология текстильной промышленности. – 2009. – № S2. – С. 91-96.
6. Palochkin S. Schwingungsdämpfung in Spinn- und Aufwindevorrichtungen von Ringspinn- und Zwirnereimaschinen // Die Sammlung der Vorträge der 12. Chemnitzer Textiltechnik – Tagung «Innovation mit textilen Strukturen», 30. September und 1. Oktober 2009. Chemnitz. Deutschland. – P. 1-8.
7. Система ACTest – сбор и обработка экспериментальных данных – М.: ООО «Лаборатория автоматизированных систем (АС)», 2007. - 267 с.
8. Лабай Н.Ю. Экспериментальные исследования демпфирования колебаний в приёмно-намоточном механизме / Н.Ю. Лабай, С.В. Палочкин // Известия высших учебных заведений. Технология текстильной промышленности. – 2013. – № 2. – С. 121-125.
9. Палочкин С.В. Экспериментальные исследования демпфирования колебаний в текстильных паковках с крестовой намоткой нити / С.В. Палочкин, Н.Ю. Лабай, П.Н. Рудовский // Известия высших учебных заведений. Технология текстильной промышленности. – 2015. – № 3. – С. 141-145.
10. Рудовский П.Н. Демпфирование колебаний в цилиндрическом теле намотки при изгибе оправки / П.Н. Рудовский, С.В. Палочкин, А.Ю. Колягин, Н.Ю. Лабай // Известия высших учебных заведений. Технология текстильной промышленности. – 2010. – № 5. – С. 95-99.
11. Лабай Н.Ю. Расчёт рассеяния энергии колебаний в цилиндрической текстильной паковке с параллельной намоткой нити / Н.Ю. Лабай, П.Н. Рудовский, С.В. Палочкин // Известия высших учебных заведений. Технология текстильной промышленности. – 2011. – № 4. – С. 61-65.

DISPERSION OF ENERGY OF FLUCTUATIONS IN TEXTILE FORGINGS
Rudovsky P.N., Palochkin S. V.

Keywords: the textile car, the reeling mechanism, dynamics, damping of fluctuations, a textile forging, dissipative properties, absorption coefficient, dispersion of energy of fluctuations for a cycle.
Abstract. Results of pilot and analytical studies for the purpose of definition of quantitative characteristics of dispersion of energy of fluctuations in textile forgings for a real assessment of the damping ability of the reeling mechanism of the textile car are stated.

References
1. Rudovskij P.N. O metodike izmerenija uprugih konstant sloja namot-ki /P.N. Rudovskij //Izvestija vysshih uchebnyh zavedenij. Tehnologija tekstil'noj promyshlennosti. 1982. № 5. S. 21

2. Rudovskij P.N. Jeksperimental'noe opredelenie uprugih konstant sloja namotki / P.N. Rudovskij //Izvestija vysshih uchebnyh zavedenij. Tehnologija tekstil'noj promyshlennosti. 1983. № 2. S. 30

3. Palochkin S.V., Rudovskij P.N., Nuriev M.N. Metody i sredstva kontrolja osnovnyh parametrov tekstil'nyh pakovok: Monografija. – M.: MGTU im. A.N. Kosygina, 2006. – 240 s.

4. Vibracii v tehnike: Spravochnik. V 6-ti t. – M.: Mashinostroenie, 1981. – T. 6. Zashhita ot vibracij i udarov / Pod red. K.V. Frolova, 1981 – 456s.

5. Koljagin A.Ju. Jeksperimental'nye issledovanija dempfirovanija ko-lebanij v krutil'no-motal'nom mehanizme / A.Ju. Koljagin, S.V. Palochkin // Izvestija vysshih uchebnyh zavedenij. Tehnologija tekstil'noj promyshlennosti. – 2009. – № S2. – C. 91-96.

6. Palochkin S. Schwingungsdämpfung in Spinn- und Aufwindevorrichtungen von Ringspinn- und Zwirnereimaschinen // Die Sammlung der Vorträge der 12. Chemnitzer Textiltechnik – Tagung «Innovation mit textilen Strukturen», 30. September und 1. Oktober 2009. Chemnitz. Deutschland. – P. 1-8.

7. Sistema ACTest – sbor i obrabotka jeksperimental'nyh dannyh – M.: OOO «Laboratorija avtomatizirovannyh sistem (AS)», 2007. - 267 s.

8. Labaj N.Ju. Jeksperimental'nye issledovanija dempfirovanija kole-banij v prijomno-namotochnom mehanizme / N.Ju. Labaj, S.V. Palochkin // Izvestija vysshih uchebnyh zavedenij. Tehnologija tekstil'noj promyshlennosti. – 2013. – № 2. – S. 121-125.

9. Palochkin S.V. Jeksperimental'nye issledovanija dempfirovanija kolebanij v tekstil'nyh pakovkah s krestovoj namotkoj niti / S.V. Palochkin, N.Ju. Labaj, P.N. Rudovskij // Izvestija vysshih uchebnyh zavedenij. Tehnologija tekstil'noj promyshlennosti. – 2015. – № 3. – S. 141-145.

10. Rudovskij P.N. Dempfirovanie kolebanij v cilindricheskom tele namotki pri izgibe opravki / P.N. Rudovskij, S.V. Palochkin, A.Ju. Koljagin, N.Ju. Labaj // Izvestija vysshih uchebnyh zavedenij. Tehnologija tekstil'noj promyshlennosti. – 2010. – № 5. – S. 95-99.

11. Labaj N.Ju. Raschjot rassejanija jenergii kolebanij v cilindricheskoj tekstil'noj pakovke s parallel'noj namotkoj niti / N.Ju. Labaj, P.N. Rudovskij, S.V. Palochkin // Izvestija vysshih uchebnyh zavedenij. Tehnologija tekstil'noj promyshlennosti. – 2011. – № 4. – S. 61-65.

UDC 531.3, 534.1

TWO-LAYER PLATE STRESS CONDITION UNDER LONGITUDINAL IMPACT BY TOOL RESTING ON THE PLATE

Eremjants V.E., Niu V.V.
Kyrgyz-Russian Slavic University, Bishkek, Kyrgyz Republic

Keywords: striker, tool, rod, two-layer plate, impact, stresses.

Abstract. The model consisted of the elastic striker that blows the elastic rod resting on the plate is considered. Dependences of stresses in the plate on the system elements parameters were determined.

The problem statement of the present article is connected with improvement of the impact systems of the hydraulic vibro-impact mechanisms for cleaning internal surfaces of bins and other capacities from different deposits. Under such technology the vibro-impact mechanism's striker 1 (Figure 1) blows the instrument 2 resting on the external surface of the workable object 3. Longitudinal strain waves that result to destruction of deposits 4 located on the internal side of the object while acting upon its sidewall increase in the instrument under influence of the strike.

In the model of concerned impact system on the basis of previous investigations is supposed that the striker and the instrument have equal diameters and lengths and both of them are made of the same material. In this case maximum energy transfer from the striker to the tool with minimal stresses arising in rods can be provided.

Fig. 1

Sections of rods motion was described with one-dimensional wave equations. The object's sidewall with deposits was represented by two-layer plate with set in one-layer plate parameters. That was made with the methodology stated in the book [1].

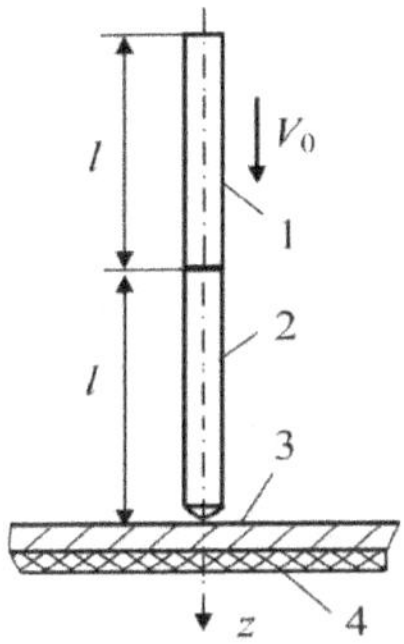

Considered that the plate has sufficiently large surface and strain waves reflected from its edges did not influence on the tool and the plate interaction.

Principal quality indices of any machine are its capacity, power intensity and stiffness of elements. First two of them depend on energy transfer effectiveness from the machine to the workable object and also on its use for effective power performance. The third one is determined by level of stresses that appear in elements of the impact system.

Issues of impact energy transfer effectiveness from the machine to the workable object have been considered in the article [2]. Determination of dependences of stress condition of the system's elements on their inertial and geometric parameters belonged to objects of the present work.

Calculations show that at vibro-impact cleaning of plates maximum stresses in the striker and the tool are considerably less than stresses arising in the plate. So for evidence for parameters of the system elements main attention ought to be paid to stress condition of the plate.

Maximum stresses on the surface of the plate appear in case of deposits layer absence. In the article [3] was found that under influence of the first strain wave travelling in the tool value of the stresses can be determined by the following formula:

$$\sigma_n = \frac{2\chi V_0 \rho_1 a}{\left(1-\mu_1^2\right)\left(1-\mu\right)}(1+q)\left[1-\frac{\Theta}{4}(1-q)\left(1-\exp(-p)\right)\right], \qquad (1)$$

where V_0 is the striker and the tool collision velocity; ρ_1 is the striker material density; a is the velocity of strain waves travelling in material; μ_1 is the Poisson ratio of material of system elements; μ is the reduced Poisson ratio in consideration of Poisson ratio of deposit layer;

$$\chi = \frac{\pi\sqrt{3(1-\mu_1^2)}}{16}; \quad \Theta = \frac{E_1 S}{lc}; \quad p = \frac{4}{\Theta(1-q)}; \quad q = \frac{\chi v_c^2 - 1}{\chi v_c^2 + 1};$$

$$v_c = v k_c; \quad v = \frac{d}{\delta_1}; \quad k_c = \left(k_D k_m\right)^{-1/4};$$

$$k_D = \left[1 + 4k_E k_\delta\left(1 + 1,5k_\delta + k_\delta^2 + 0,25k_E k_\delta^3\right)\right]/\left[1 + k_E k_\delta\right]; \quad k_m = 1 + k_\rho k_\delta;$$

$$k_E = E_2 / E_1; \qquad k_\delta = \delta_2 / \delta_1; \qquad k_\rho = \rho_2 / \rho_1;$$

S – the cross sectional areas of the rods; l – their lengths; c is the coefficient of rigidity of the tool and the plate contact characteristic, that is defined from the linearized Hertz model [4]; E_2, ρ_2 – the modulus of elasticity and the density of slag accordingly; δ_1, δ_2 – thicknesses of the plate and the slag layer accordingly.

As an example in the article [3] the model with the following parameters was considered: the striker's mass $m = 1$ kg; velocity in the initial moment of shock $V_0 = 3,5$ m/s; all the elements of the system were made of steel, $\rho_1 = 7850$ kg/m^3; $a = 5100$ m/s; $E_1 = 20,4 \cdot 10^4$ MPa; $\mu_1 = \mu = 0,3$. Parameters of the slag: $\rho_2 = 2050$ kg/m^3; $E_2 = 0,247 \cdot 10^4$ MPa; $\mu_2 = 0,15$.

In the Figure 2 there are offered diagrams of dependence of stresses on the plate surface versus dependence of the tool's diameter ratio to thickness of the plate v. Lines 1, 2, 3, 4 in the figure correspond to thicknesses of the plate 6, 8, 10, 12 mm. the line 5 shows the proportional limit value of steel $\sigma = 180$ MPa. Taking into account these data recommendations for rational values of v that would provide fulfillment of strength conditions of the plate were developed.

Two types of stress arise in the slag: tensile-compression stresses σ_c, that are stimulated with bend of the plate, and stresses σ_{in} appearing because of inertial forces. Stresses of the first type affect at a tangent to the deposit layer (Figure 3), stresses of the second type affect perpendicularly to it.

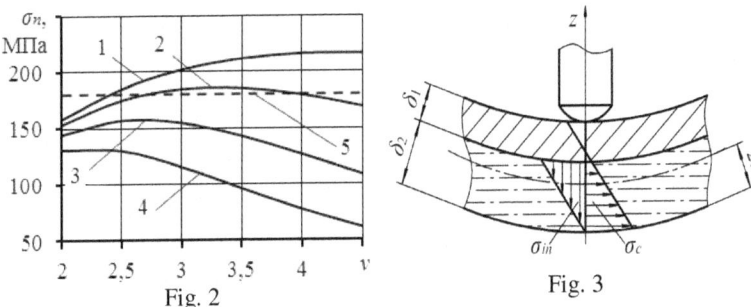

Fig. 2

Fig. 3

Maximum bending stresses arising in slag are estimated separately for the external layer ($z = \delta_1 + \delta_2 - z_0$):

$$\sigma_{cH} = \frac{4E_2\chi V_0}{\left(1-\mu_1^2\right)\left(1-\mu\right)ak_D}\frac{1+2k_\delta+k_E k_\delta^2}{2\left(1+k_E k_\delta\right)}\left(1+q\right)\left[1-\frac{\Theta}{4}\left(1-q\right)\left(1-\exp\left(-p\right)\right)\right], (2)$$

And for the internal layer adjacent to the plate ($z = \delta_1 - z_0$),

$$\sigma_{c0} = \frac{4E_2\chi V_0}{\left(1-\mu_1^2\right)\left(1-\mu\right)ak_D}\frac{1-k_E k_\delta^2}{2\left(1+k_E k_\delta\right)}\left(1+q\right)\left[1-\frac{\Theta}{4}\left(1-q\right)\left(1-\exp\left(-p\right)\right)\right], \qquad (3)$$

The plot of the function (2) related to the parameter k_δ is shown in the Figure 4a, the plot of the function (3) to the same parameter is shown in the Figure 4b. Line 1 in these pictures corresponds to ultimate tensile strength of the slag $[\sigma_s]$ = 0,7 MPa. Lines 2, 3, 4 correspond to values of v equal to 2, 3, 4 accordingly.

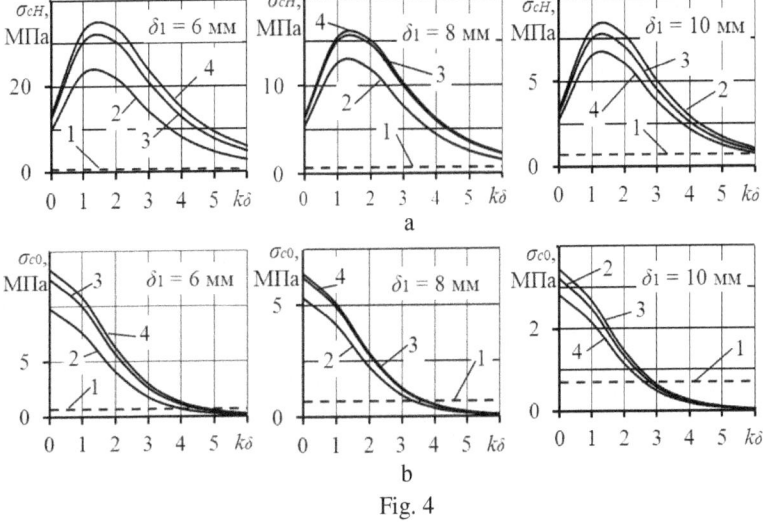

Fig. 4

It is evidently from the figure that changing of v from 2 to 4 when is larger than 4 does not appreciably influence stresses in the deposit layer especially in the contact between the layer and the plate. In all examined cases stresses on the external surface of the slag exceed its ultimate strength that ensures destruction of the deposit layer.

Stresses on the internal surface of the layer are sufficient for its destruction in case of certain values of the plate thickness ratio to the deposit layer thickness k_δ. For example if $\delta_1 = 6$ mm destruction of the internal surface of the layer starts when k_δ is less than 5, and if $\delta_1 = 10$ mm it start destroy when k_δ is less than 2,8. In these cases volume damage of the layer will occur in its whole thickness.

Inertia stresses will be the largest on the border between deposit layer and the plate. Formulas for their determination for the first action of wave travelling the tool and for reiterated action of wave are presented below.

$0 < \tau < 1$

$$\sigma_{in}(\tau) = \frac{\rho_2 \delta_1 k_\delta \chi v^2 k_c^2 a V_0}{\Theta l}(1-q)e^{-p\tau};$$ (4)

$1 < \tau < \tau_2$

$$\sigma_{in}(\tau) = \frac{\rho_2 \delta_1 k_\delta \chi v^2 k_c^2 a V_0}{4l}(1-q)\left(e^{-p}-(1-q)p(\tau-1)\right)e^{-p(\tau-1)}.$$ (5)

In these formulas τ is unitless time, $\tau = t/T$; T- period of the rod oscillation; $T = 2l/a$; τ_2 – unitless time of the end of interaction between the rod and the plate.

The analysis of (4) and (5) formulas shows that stresses arising from inertial forces are the highest in the initial moment of wave influence the plate (when

$\tau = 0$), at that they turn to be compression stresses. But experimental research [5] shows that oscillations of the plate have periodical character and tensile stresses follow after compression stresses of the same value.

Dependences of maximum values of inertia stresses on k_δ coefficient are shown in the Figure 5. They are plotted with the similar input data as in the Figure 4.

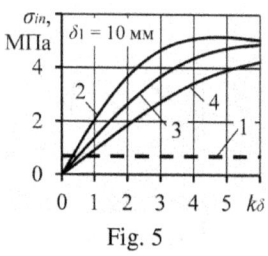

Fig. 5

It is evidently from this picture that in the concerned range of changing of the parameter v the maximum value of inertia stresses on the border between the plate and the slag layer, when $k_\delta > 1$, exceeds the ultimate strength. It means that destruction of the slag layer will mainly happen under the influence of stresses that arise because of inertia forces that have not been taken into account in previous articles [6].

Derived results show that in different moments of time slag layer can experience uniform compression, uniform tensile of tensile and compression by orthogonally related directions. At that destruction can start from the external surface of the slag layer as well as from the internal one. In the last case pieces of slag will separate from the workable surface. It is confirmed with production experiments of cleaning of ash-and-slag pipes of Bishkek Heat Electropower Station.

References
1. Korolev V.I. Uprugo-plasticheskie deformacii obolochek. M.: Mashinostroenie, 1971. – 320 p.
2. Niu V.V. K jeffektivnosti ispol'zovanija jenergii udara pri ochistke plastin gidravlicheskimi vibroudarnymi mehanizmami. // Sovremennye problemy teorii mashin. – 2015. – № 3. – P. 168–173.
3. Eremjants V.E., Niu V.V. Vlijanie parametrov udarnoj sistemy na naprjazhennoe sostojanie plastiny pri ejo vibroudarnoj ochistke. //Vestnik KRSU, Tom 15. 2015, № 9. – P. 40–44.
4. Eremjants V.E. Dinamika udarnyh sistem. Modelirovanie i metody rascheta. Izdatel'skij dom Palmarium academic publishing. Saarbruken, 2012. – 586 p.
5. Eremjants V.E. Volnovye processy v plastine udarnoj sistemy «boek-volnovod-plastina» //Vestnik UlGTU, 2011, № 2. – P. 29–32.
6. Eremjants V.E., Asanova A.A. Vibroudarnaja ochistka poverhnostej. Ochistka krivoshipno-koromyslovymi udarnymi mehanizmami. Izdatel'skij dom Palmarium Academic Publishing, Saarbruken, 2015. – 128 p.

НАПРЯЖЕННОЕ СОСТОЯНИЕ ДВУХСЛОЙНОЙ ПЛАСТИНЫ ПРИ ПРОДОЛЬНОМ УДАРЕ ПО СТЕРЖНЮ, ОПИРАЮЩЕМУСЯ НА ПЛАСТИНУ
Еремьянц В.Э., Ню В.В.

Ключевые слова: боек, стержень, двухслойная пластина, удар, напряжения.
Аннотация. Рассматривается модель, состоящая из упругого бойка, наносящего удар по упругому стержню, опирающемуся на двухслойную пластину. Устанавливаются зависимости напряжений в пластине от параметров элементов системы.

Список литературы
1. Королев В.И. Упруго-пластические деформации оболочек. – М.: Машиностроение, 1971. – 320 с.
2. Ню В.В. К эффективности использования энергии удара при очистке пластин гидравлическими виброударными механизмами // Современные проблемы теории машин. – 2015. – №3. – С. 168-173.
3. Еремьянц В.Э., Ню В.В. Влияние параметров ударной системы на напряженное состояние пластины при её виброударной очистке. // Вестник КРСУ. – Том 15. – 2015. – №9. – С. 40-44.
4. Еремьянц В.Э. Динамика ударных систем. Моделирование и методы расчета. Издательский дом Palmarium academic publishing. Саарбрукен, 2012. – 586 с.
5. Еремьянц В.Э. Волновые процессы в пластине ударной системы «боек-волновод-пластина» // Вестник УлГТУ. – 2011. – №2. – С. 29-32.
6. Еремьянц В.Э., Асанова А.А. Виброударная очистка поверхностей. Очистка кривошипно-коромысловыми ударными механизмами. Издательский дом Palmarium Academic Publishing, Саарбрукен, 2015. – 128 с.

UDC 621.01; 539.4

INFLUENCE OF THE ROCKER'S BEARING SUPPORT RIGIDITY ON DYNAMIC REACTIONS IN THE ROCKER IMPACT SYSTEM

Eremjants V.E., Kolesnikov N.A.
Kyrgyz-Russian Slavic University, Bishkek, Kyrgyz Republic

Keywords: rocker, bearing support rigidity, anvil, impact, dynamic reactions.
Abstract. The model of the rocker impact system was considered. It is consisted of rotating around elastic bearing support rocker, impact mass that is placed on the opposite end of the rocker and rigid anvil that a strike. Influence of the bearing support's coefficient of rigidity on forces arising after strike in the contacts of the impact mass with the anvil and the rocker with the bearing support.

The crank-and-rocker hummer "GUIM-1" for soil compaction was developed in previous years in the Engineer Academy of Kyrgyz Republic under the direction of academician of the International Engineer Academy S. Abdraimov. Kinematics and dynamics of the crank-and-rocker mechanism of this hummer were investigated in details in the article [1]. The present article is devoted to research of dynamics of its impact system.

Rocker impact system consists of the rocker 1 (Figure 1) rotating in frictionless bearings around the bearing support O. The impact mass 2 that strikes the anvil 3 is placed on the end of the rocker. The bearing box has some compliance that can influence reactions in the contact between the rocker P and the bearing support T.

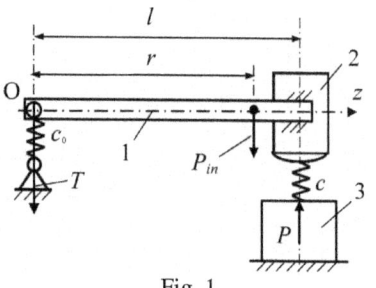

Fig. 1

Influence of elastic connection of the impact mass with the rocker and elastic of the rocker on dynamic reactions that arise in the system. Influence of coefficient of rigidity on these reactions is considered in the present article for continuous of these researches.

General model of the crank-and-rocker impact system with the elastic bearing support of the rocker and the elastic waveguide that takes a strike is stated in the article [4]. The particular case was considered in works [5, 6]. It was supposed that horizontal components of unknown reactions were negligibly small in comparison with vertical one. The rocker with the impact mass was represented by common rigid body with compliant spherical impact part (Figure 1). Mutual deformations of the impact mass and the anvil were negligible.

According to these admissions motion equations are:

$$\ddot{P} + k_2^2 P = -\frac{b_1}{b_3} k_2^2 T ; \qquad (1)$$

$$\ddot{T} + k_1^2 T = -k_1^2 b_1 P, \tag{2}$$

where P, T – dynamic reactions in the contact of the impact mass with the anvil and the contact of the rocker with the bearing support accordingly;

$$k_1^2 = \frac{c_0}{mb_2}; \quad k_2^2 = \frac{cb_3}{mb_2}; \quad b_1 = 1 - \frac{mrl}{I}; \quad b_2 = 1 - \frac{mr^2}{I}; \quad b_3 = \left[1 + \frac{ml^2}{I} - \frac{2mrl}{I}\right],$$

c_0 – coefficient of rigidity of the contact between the rocker with the bearing support; c – coefficient of rigidity of the contact between the rocker and the impact mass; m – the summary mass of the impact mass and the rocker; l – the length of the rocker; r – the distance between the rocker's rotation axis and its center of gravity with the impact mass; I – the moment of inertia of the rocker with the impact mass around its rotating axis.

The contact characteristic between the impact mass and the anvil was described by the model of Hertz:

$$P = K\alpha^{3/2}; \quad K = 2E\sqrt{R} / 3(1 - \mu^2),$$

where E is the modulus of elasticity of the impact mass system elements material; μ – its Poisson ratio; R is the radius of the rocker's spherical impact surface (the anvil's surface is flat).

Coefficient of rigidity of the contact characteristic between the impact mass and the anvil was found with iteration method by linearized model of Hertz [4]:

$$c = 1,25 K^{2/3} P_m^{1/3}, \tag{3}$$

where P_m is the maximum value if force arising in the contact between the impact mass and the anvil.

Equations (1), (2) were also solved with iteration method. First of all the right part of the equation (1) was supposed to be equal zero. Initial conditions had following state:

$$P(0) = 0; \quad \dot{P}(0) = cV_0,$$

where V_0 is the velocity of impact mass in the initial moment of strike.

According to previous dependence of forces in the contact section between the impact mass and the anvil on time in the first approximation was found:

$$P(t) = (cV_0 / k_2) \sin k_2 t. \tag{4}$$

The maximum force and blow duration were found from the formula (4):

$$P_m = cV_0 / k_2; \quad \tau = \pi / k_2.$$

Then the function (4) was set into the right part of the equation (2) and according to the initial conditions

$$T(0) = 0; \quad \dot{T}(0) = 0$$

the function $T(t)$ was found in the first approximation:

$$T(t) = \frac{cV_0 k_1 b_1}{\left(k_1^2 - k_2^2\right)} \left(\sin k_1 t - \frac{k_1}{k_2} \sin k_2 t\right). \tag{5}$$

Substitution of this function to the right part of the equation (1) and its solution give the second approximation of the function $P(t)$:

$$P(t) = \frac{cV_0}{k_2}\sin k_2 t + B_1\left(\sin k_1 t - \frac{k_1}{k_2}\sin k_2 t\right) + B_2\left(\sin k_2 t - k_2 t \cos k_2 t\right), \qquad (6)$$

where $B_1 = \dfrac{cV_0 k_2^2 b_1^2}{b_3\left(k_1^2 - k_2^2\right)^2}$; $\quad B_2 = B_1 \dfrac{k_1}{2}\left(\dfrac{k_1^2}{k_2^2} - 1\right)$.

Evidently that the first item of this function represents the first approximation. The second and the third items are the correction of the function. Calculations show that in existent crank-and-rocker impact mechanisms the second approximation gives correction of value of force P not exceeding 1% that means that the first approximation is enough for practice. That is why the second approximation of the force in the rocker's bearing support will be negligibly small. Formulas for force T determination in the second approximation can be found in the article [4].

After the end of a strike the second part of the equation (2) should be supposed equal zero. Solution of the derived equation with the initial conditions that appropriate to displacement and velocity of the bearing support in the time moment τ, has the state:

$$T(t) = \frac{\dot{T}(\tau)}{k_1}\sin k_1 (t - \tau) + T(\tau)\cos k_1 (t - \tau). \qquad (7)$$

Function (5) has the extreme value if

$$\cos k_1 t_m = \cos k_2 t_m. \qquad (8)$$

If $k_1 > k_2$, than this condition fulfills when

$$k_1 t_m = 2\pi n - k_2 t_m; \; n = 1, 2, 3 ...;$$
$$t_m = 2\pi n / (k_1 + k_2). \qquad (9)$$

Taking into account that if conditions (8), (9) fulfill

$$\sin k_1 t_m = -\sin k_2 t_m,$$

setting the value of time (9) to the formula (5) and meaning $k_1/k_2 = \delta$, formula for determination of the maximum values of force in the bearing support will look as:

$$T_m = -T_0 \frac{\delta}{(\delta - 1)}\sin\left(\frac{2\pi n}{\delta + 1}\right), \qquad (10)$$

where T_0 – forces acting in the rigid bearing support of the rocker, e.g. if has no compliance,

$$T_0 = \frac{cV_0 b_1}{k_2} = P\left(1 - \frac{mrl}{I}\right). \qquad (11)$$

The formula (10) shows that the function $T_m(\delta)$ has infinite number of maximums that correspond to different values of n. These values are connected with number of the bearing support self-oscillations' half-waves that are situated on one of the half-wave of forces in the contact between the impact mass and the anvil. In other words the value of n depends on the relation δ. These dependences for the first five values of n are shown in the following table.

Table 1

δ	1–5	5–9	9–13	13–17	17–21
n	1	2	3	4	5

As an example in the Figure 2 the solid line shows dependence $T_m(\delta)$ that was plotted with the following initial data of the hummer "GUIM-1": $m = 522$ kg; $R = 0{,}26$ m; $l = 1{,}205$ m; $r = 1{,}13$ m; $V_0 = 1$ m/s; $E = 20{,}4 \cdot 10^{10}$ Pa; $\rho = 7850$ kg/m^3; $\mu = 0{,}3$. The dashed line in the figure conforms to the rigid bearing support. For the present example: $P_m = 1{,}049$ kN; $\tau = 1{,}443 \cdot 10^{-3}$ s; $c = 2{,}283 \cdot 10^9$ N/m; $k_2 = 2{,}1764 \cdot 10^3$ s^{-1}; $T_0 = 26{,}22$ kN.

Findings show that the maximum forces in the bearing support are equal $1{,}768 T_0$ and can be reached when $\delta = 1{,}6$. Then they decrease and don't exceed 10% of forces arising in the rigid bearing support when δ is larger than nine.

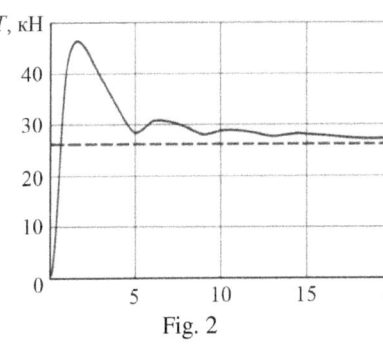

Fig. 2

Therefore for development of the bearing box type and number of bearings should be chosen the way when relations of the bearing support's self-oscillation frequency and the impact mass would be larger than nine.

The case when $\delta > 1$ is considered above. If $\delta < 1$ than forces in the bearing support don't have time to come to maximum value during the blow duration τ. The formula (5) shows that in the time moment forces are represented by following function:

$$T_m = T(\tau) = -T_0 \frac{\delta}{\left(1 - \delta^2\right)} \sin \pi\delta. \qquad (12)$$

The last point is to find out whether this force will increase later when oscillations will be free. Setting the function $T(\tau)$ and its derivative to the formula (7) after manipulation we will get:

$$T_{mc} = -T_0 \frac{2\delta}{\left(1 - \delta^2\right)} \cos\left(\frac{\pi\delta}{2}\right). \qquad (13)$$

Analysis of the last formula shows that when $\delta > 1$ the amplitude of forces in the bearing support is larger than in the moment of the end of a strike if the bearing support has free oscillations. Therefore the formula (10) should be used for determination of maximum forces in the bearing support if $\delta > 1$, and formula (13) should be used if $\delta < 1$.

When $\delta > 1$ the indeterminacy zero to zero appears in these formulas. But calculations show that it does not happen in fact. For example if $\delta = 0{,}9999$ the formula (13) gives that $T_m = -1{,}5707 T_0$ and if $\delta = 1{,}0001$ formula (10) in its turn shows that $T_m = -1{,}5709 T_0$.

It is evidently from the examples above that when δ has a value approaching to unity the maximum of dynamic forces in the bearing support approach to the following value:

$$T_m = -0,5\pi T_0.$$

In summary it is necessary to note that addition of the dimensionless coefficient δ simplifies final formulas and allows to get more general results applicable not only for the hummer "GUIM-1" but also for every rocker hummer that has the structure as it is shown in the Figure 1. On basis of these results it is possible to make recommendations for developing the bearing support of the rocker that would allow decreasing dynamic forces acting in it.

References

1. Zijaliev K.Zh. Kinematicheskij i dinamicheskij analiz sharnirno-chetyrehzvennyh mehanizmov peremennoj struktury s sozdaniem mashin vysokoj moshhnosti. – Bishkek: Ilim, 2005. – 195 p.
2. Kolesnikov N.A. Kolebanija koromyslovoj udarnoj sistemy pri uprugoj svjazi koromysla s udarnoj massoj // Sovremennye problemy teorii mashin. – 2015. – №3 – P. 176-180.
3. Eremjants V.E., Kolesnikov N.A. Vlijanie uprugosti koromysla na dinamicheskie reakcii v koromyslovoj udarnoj sisteme // Avtomatizirovannoe proektirovanie v mashinostroenii. – 2015 – №3 – P. 90-94.
4. Eremjants V.E. Dinamika udarnyh sistem. Modelirovanie i metody rascheta. Izdatel'skij dom Palmarium academic Publishing. Saarbruken, 2012. – 586 p.

ВЛИЯНИЕ ЖЕСТКОСТИ ОПОРЫ КОРОМЫСЛА НА ДИНАМИЧЕСКИЕ РЕАКЦИИ В КОРОМЫСЛОВОЙ УДАРНОЙ СИСТЕМЕ
Еремьянц В.Э., Колесников Н.А.

Ключевые слова: коромысло, жесткость опоры, наковальня, удар, динамические реакции.

Аннотация. В работе рассматривается модель коромысловой ударной системы, состоящей из коромысла, вращающегося вокруг упругой опоры, ударной массы, расположенной на противоположном конце коромысла, и жесткой наковальни, по которой наносится удар. Определяется влияние коэффициента жесткости опоры на усилия, возникающие при ударе в контакте ударной массы с наковальней и коромысла с опорой.

Список литературы

1. Зиялиев К.Ж. Кинематический и динамический анализ шарнирно-четырехзвенных механизмов переменной структуры с созданием машин высокой мощности. – Бишкек: Илим, 2005. – 195 с.
2. Колесников Н.А. Колебания коромысловой ударной системы при упругой связи коромысла с ударной массой // Современные проблемы теории машин. – 2015. – №3. – С. 176-180.
3. Еремьянц В.Э., Колесников Н.А. Влияние упругости коромысла на динамические реакции в коромысловой ударной системе // Автоматизированное проектирование в машиностроении. – 2015. – №3. – С. 90-94.
4. Еремьянц В.Э. Динамика ударных систем. Моделирование и методы расчета. Издательский дом Palmarium academic Publishing. Саарбрукен, 2012. – 586 с.

УДК 534-6/-8

ПОВЫШЕНИЕ НАДЕЖНОСТИ И РЕСУРСА ПОДШИПНИКОВ ЭЛЕКТРИЧЕСКИХ МАШИН КАРЬЕРНЫХ ЭКСКАВАТОРОВ

Дорошев Ю.С., Николайчук А.Н., Николайчук Д.Н.
Дальневосточный федеральный университет, Владивосток

Ключевые слова: техническое состояние, срок службы, дефект, подшипники, вибродиагностика, карьерные экскаваторы.

Аннотация. В аварийности экскаваторов наибольшую долю составляют отказы вращающегося оборудования и, в частности, подшипников. Увеличение эффективности, надежности и ресурса, а также обеспечение безопасной эксплуатации машин и механизмов тесно связано с необходимостью оценки их технического состояния. Превентивная вибрационная диагностика определяет дефекты вращающихся узлов оборудования по высокочастотной вибрации (5-25 кГц). В статье представлены результаты исследования технического состояния более 300 подшипников преобразовательных агрегатов карьерных экскаваторов с помощью виброанализатора СД-12М и программного комплекса Dream for Windows (продукция фирмы ВАСТ – виброакустические системы и технологии).

Одной из наиболее важных и актуальных проблем современности является повышение качества и надежности механизмов, машин и оборудования в любой отрасли промышленности. Известны традиционные пути увеличения надежности и ресурса, такие как оптимизация систем, совершенствование конструкции и технологии изготовления отдельных элементов, резервирование механизмов, машин и оборудования, увеличение коэффициента запаса (работа не на полную мощность, не на номинальном режиме и т.п.). Эти пути наиболее эффективны для систем ограниченной мощности. Однако во многих областях промышленности конструкция и технология изготовления отдельных узлов механизмов, претерпели в течение последних десятилетий незначительные изменения. Поэтому потребовалось изыскание новых путей для решения проблемы повышения надежности и ресурса.

На фоне повышенной аварийности экскаваторов наибольшую долю составляют отказы вращающегося оборудования (рисунок 1) [1]. Безусловно, особого внимания заслуживают проблемы дисбаланса и расцентровки валопроводов. Что же касается подшипниковых узлов, то здесь проблема сложнее – зависит и от качества поставляемого оборудования и от качества его эксплуатации.

Очевидно, что увеличение эффективности, надежности и ресурса, а также обеспечение безопасной эксплуатации машин и механизмов тесно связано с необходимостью оценки их технического состояния. Это и определило формирование нового научного направления - технической диагностики, которое получило особо широкое развитие в последнее десятилетие.

Рис. 1 – Количество характерных дефектов на единицу оборудования, %

Современные технологии контроля и диагностики состояния оборудования, использующие вибрационную диагностическую информацию, можно разделить на три основные группы [2, 3]:

- технологии комплексного контроля и управления оборудованием;
- технологии вибрационной наладки, т.е. поддержания вибрации оборудования в пределах, определенных стандартами и/или техническими условиями;
- технологии превентивной диагностики, т.е. глубокой диагностики, обеспечивающей долгосрочный прогноз состояния оборудования.

Технологии комплексного контроля и управления вращающегося оборудования развиваются по пути совершенствования вибрационных систем аварийного отключения и сигнализации, в которых в качестве информационного параметра используются величины низкочастотной вибрации в полосе частот от 2(10) Гц до 1000(2000) Гц и скорость ее нарастания.

Технологии вибрационной наладки используются для обеспечения безопасных уровней вибрации высокооборотных машин и включают в себя ряд сервисных работ, таких как центровка, балансировка, изменение колебательных свойств (отстройка от резонансов) машины, устранение дефектов в узлах машины или фундаментных конструкциях.

Технологии превентивной диагностики машин являются наиболее сложными из диагностических технологий. Основными задачами превентивной диагностики является обнаружение в машине всех потенциально опасных дефектов на ранней стадии развития, наблюдение за их развитием и на этой основе долгосрочный прогноз состояния машины. Определение вида каждого из обнаруженных дефектов позволяет резко повысить достоверность прогноза, так как каждый вид дефекта имеет свою скорость развития. Превентивная вибрационная диагностика реализует, прежде всего, диагностику узлов оборудования по высокочастотной вибрации (5-25 кГц), так как зарождающиеся дефекты не являются источником значительной колебательной энергии, достаточной для заметного изменения вибрации всей машины на низких и средних частотах.

На Лучегорском угольном разрезе осуществляется вибромониторинг технического состояния подшипниковых узлов преобразовательных агрегатов карьерных экскаваторов с помощью виброанализатора СД-12М и программного комплекса Dream for Windows. В течение 9 месяцев были охвачены мониторингу 38 карьерных и шагающих экскаваторов из 53 и, соответственно, более 300 подшипников преобразовательных агрегатов. Результаты испытаний представлены на рисунках 2 – 5.

Рис. 2. – Распределение дефектов подшипников по степени развития

Из диаграммы рисунка 2 видно, что бездефектных подшипников в выборке всего 20%, основная масса подшипников имеет слабые и средние дефекты – 73%, нуждающихся в срочной замене – 7%.

По видам дефектов (рисунок 3) наибольшее распространение (49%) имеют дефекты наружного кольца – обкатывание, износ и раковины, далее - тела качения и сепаратор – самые слабые звенья подшипника (42%).

На рисунках 4 и 5 представлены результаты анализа повреждаемости подшипников преобразовательных агрегатов. Наиболее надежными в рассматриваемой серии выглядят подшипники 32328, 3626, 3632 (рисунок 4).

При этом наибольший вклад в повреждаемость практически всех подшипников привносит обкатывание наружного кольца (рисунок 5). Поскольку обкатывание является результатом либо дисбаланса, либо дефекта муфты, то следует в процессе эксплуатации оборудования обращать особое внимание на балансировку роторов в собственных опорах, центровку валопроводов и качество их соединений.

Такой дефект, как неоднородный радиальный натяг, может быть устранен качественной посадкой подшипника с применением динамометрических ключей.

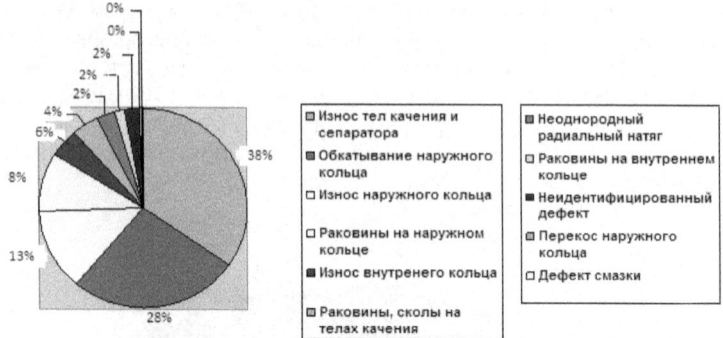

Рис. 3 – Распределение дефектов подшипников по видам

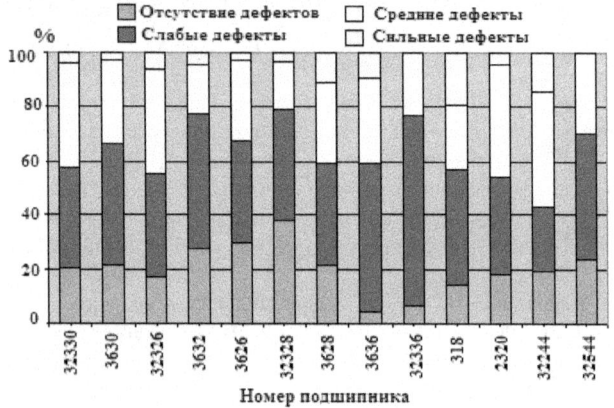

Рис. 4 – Распределение дефектов подшипников по степени развития

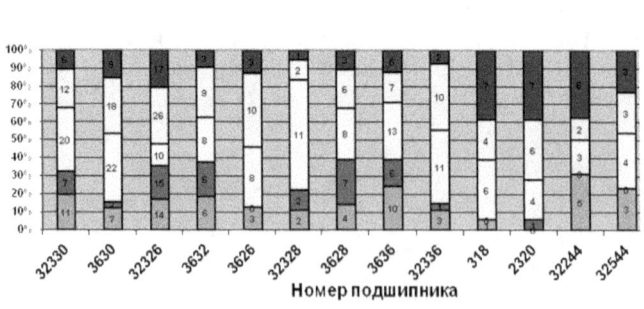

Рис. 5 – Распределение дефектов подшипников по видам

Таким образом, превентивная диагностика позволяет эффективно оценивать техническое состояние подшипников, заблаговременно предотвращать серьезные аварии, выявлять причины возникновения дефектов и предотвращать их появление.

Список литературы

1. Дорошев, Ю.С. Повышение технологической надежности карьерных экскаваторов [Текст]: монография / Ю.С.Дорошев, С.В.Нестругин. – Владивосток: Изд-во ДВГТУ, 2009. – 232 с.
2. Баркова, Н.А. Введение в виброакустическую диагностику роторных машин и оборудования [Текст]: Учеб. Пособие / Н.А.Баркова. – СПб.: Изд. центр СПбГМТУ, 2003. – 160 с.
3. Баркова, Н.А. Неразрушающий контроль технического состояния горных машин и оборудования [Текст]: учеб.пособие / Н.А.Баркова, Ю.С.Дорошев. – Владивосток: Из-во ДВГТУ, 2009. - 173 с.

IMPROVING THE RELIABILITY AND LIFETIME OF THE BEARINGS OF ELECTRICAL MACHINES MINING SHOVELS
Doroshev Yu.S., Nikolaychuk A.N., Nikolaychuk D.N.

Keywords: technical state, lifetime, defect, bearings, vibrodiagnostics, mining shovels.
Abstract. In accidents excavators greatest proportion of failures of rotating machinery and, in particular, of the bearings. Increase efficiency, reliability and lifetime, as well as ensuring safe operation of machines and mechanisms is closely linked to the need to assess their technical condition. Preventive vibration diagnostics detects faults of the rotating equipment units on high frequency vibration (5-25 kHz). The article presents the results of the research of technical condition of bearings more than 300 of Converter units of mining excavators by using the vibration analyzer SD-12M and software Dream for Windows (the products of the company Wust – vibroacoustic systems and technologies).

References

1. Doroshev, Y.S. Improving process reliability shovels [Text]: monograph / Y.S. Doroshev, S.V. Nestrugin. – Vladivostok: Publishing house of FESTU, 2009. – 232 p.
2. Barkova, N.A. Introduction to vibroacoustic diagnostics of rotating machines and equipment [Text]: Textbook. The Grant / N.A.Barkova. – SPb.: Ed. center Spbgmtu, 2003. – 160 p.
3. Barkova, N.A. Non-destructive control of technical condition of mining machinery and equipment [Text]: textbook. The grant / N.A.Barkova, Y.S. Doroshev. – Vladivostok: publishing house of fentu, 2009. - 173 p.

УДК 621.892

ВОССТАНОВЛЕНИЕ ЛОПАТОК ГТД ТЕРМОПЛАСТИЧЕСКИМ УПРОЧНЕНИЕМ

Круцило В.Г.
Самарский государственный технический университет, Самара

Ключевые слова: предел выносливости, износ верхних кромок лопаток газотурбинных двигателей, технология восстановления, ультразвуковое упрочнение стальными шариками, термопластическое упрочнение.

Аннотация. Приведена технология восстановления работоспособности лопаток газотурбинных двигателей. Показаны сравнительные экспериментальные данные об усталостной прочности и износе лопаток газотурбинных двигателей. Выполнен анализ причин, влияющих на усталостную прочность и износостойкость лопаток.

В современных газоперекачивающих станциях широко используются газотурбинные двигатели, приводящие в действие компрессор. Наиболее сложными с точки зрения геометрии и технологии изготовления в этих двигателях являются лопатки, что определяет их высокую стоимость. К тому же они имеют весьма ограниченный ресурс. Связано это с широким спектром приходящихся на них нагрузок: воздействие повышенных температур, знакопеременных напряжений, центробежных сил, абразивного износа. Поэтому чрезвычайно актуальной является технология восстановления работоспособности лопаток и дисков, которая не только обеспечит длительный межремонтный цикл, но и сохранение высоких показателей качества.

В газоперекачивающем комплексе через определенное количество часов работы двигатель останавливается на плановый ремонт и техническое обслуживание. Лопатки снимаются с ротора и производится их полная дефектация. Так как газоперекачивающая станция работает в полевых условиях, частички песка и мелких камней попадают в двигатель вместе с воздухом, не смотря на его фильтрацию. В результате на лопатках появляются забоины, происходит абразивный износ. Забоины концентрируют циклические напряжения, перерастая в трещины. Использование пластичных материалов и штамповки заготовок лишь частично решают эту проблему. Абразивный износ верхней кромки лопатки (см. рис. 1) снижает компрессию и, как следствие, КПД двигателя.

Рис.1 – Фрагмент лопатки

При обнаружении трещин лопатки выбраковывают. А вот при вмятинах и небольших сколах их восстанавливают путём наплавки, при износе верхней кромки, её восстанавливают путём приварки ленты. Затем лопатки термообрабатывают с целью снятия термических напряжений и полируют. После этого производится упрочняющая обработка поверхности. Как правило с этой целью ранее использовалось ультразвуковое упрочнение металлическими шариками (УЗУ). Этот способ позволяет сформировать в поверхностном слое остаточные напряжения сжатия, способствующие увеличению усталостной прочности. Однако из-за значительных остаточных деформаций (8...15%), сопутствующих процессу, в металл закладывается энергия искажений, приводящая к термодинамической нестабильности. Наблюдается коагуляция упрочняющих фаз, усиливающая рекристаллизационные процессы. Увеличивается плотность активных дислокаций, которые под воздействием высоких температур способствуют увеличению скорости ползучести и разупрочнению металла. Материал таким образом стремится к восстановлению. Благоприятные остаточные напряжения сжатия релаксируют.

Альтернативным методом для УЗУ является термопластическое упрочнение (ТПУ), которое не вносит в металл дополнительный разрушающий фактор в виде высоких деформаций [1-6]. При ТПУ они составляют не более 0,5%. Тем не менее, этого достаточно, чтобы сформировать остаточные напряжения сжатия равной с УЗУ величины – около 600 МПа (сплав ЭИ893). В результате скорость ползучести и релаксация усталостной прочности в процессе эксплуатации лопаток минимальна.

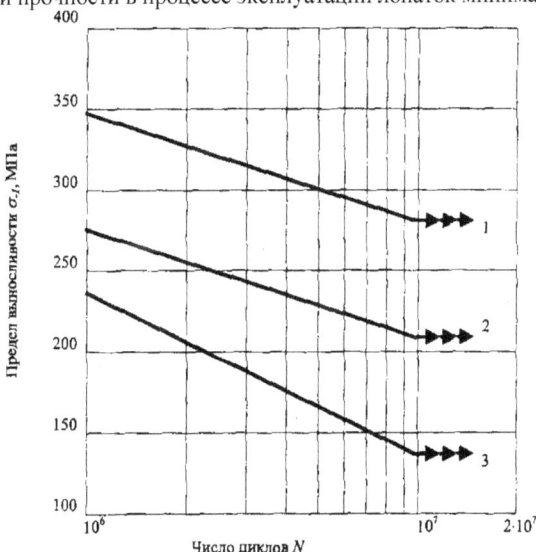

Рис. 2 – Пределы выносливости рабочих лопаток турбины, прошедших ремонт после эксплуатации (сплав ЭИ893):
1 - упрочненные ТПУ; 2 - упрочненные УЗУ; 3 - без упрочнения

Использование ТПУ позволило резко повысить надёжность лопаток. Выход из строя ГТД до планового останова по причине усталостного разрушения лопаток прекратился. После повторного восстановления лопатки снова устанавливаются на ротор и работают ещё не менее трёх плановых ремонтов. Кроме того, выяснилось, что износ верхней кромки пера лопатки настолько незначителен, что в ряде случаев позволяет исключить достаточно трудоёмкую операцию наплавки и термообработки.

Причиной пониженной износостойкости лопаток, упрочнённых УЗУ по сравнению с ТПУ, по всей видимости, являются всё те же пластические деформации, разрушительно воздействующие на металл.

На рис.2 показаны результаты сравнительных усталостных испытаний лопаток 1 ступени турбины ГТД газоперекачивающего агрегата.

Таким образом, термопластическое упрочнение показало высокую эффективность при упрочнении лопаток, как с точки зрения усталостной прочности, так и с точки зрения износостойкости.

Список литературы

1. Термопластическое упрочнение – резерв повышения прочности и надежности деталей машин: Монография / Б.А. Кравченко, В.Г. Круцило, Г.Н. Гутман. – Самара: Самарский ГТУ, 2000. – 216 с.
2. Круцило В.Г. Термопластическое упрочнение как метод неразрушающего контроля деталей машин // Технологии ремонта, восстановления и упрочнения деталей машин, механизмов, оборудования, инструмента и технологической оснастки. Материалы 8-й международной практической конференции-выставки. Санкт-Петербург, 2008, с.243-248
3. Круцило В.Г., Кротинов Н.Б. Эксплуатационные испытания турбинных лопаток, упрочненных термопластическим методом // Специальный выпуск, подготовленный по материалам международной научно-технической конференции «Проблемы и перспективы развития двигателестроения». СГАУ, Самара, 2011. - С. 380-383.
4. Патент №2351660 РФ. МПК C21D8/00, C21D1/10, C22F1/10. Способ термопластического упрочнения деталей и установка для его осуществления/Круцило В.Г. -№ 2006106015/02, заявл. 26.02.2006; опубл. 10.04.2009 Бюл. № 10
5. Патент №2258086. РФ. МПК C21D9/00, C21D1/62. Способ термопластического упрочнения деталей и установка для его осуществления./Круцило В.Г. -№ 2003136715/02, заявл.17.12.2003; опубл. 10.08.2005 Бюл. № 22.

THE RESTORATION OF GTE BLADES THERMOPLASTIC HARDENING
Krutsilo V.G.

Keywords: fatigue strength, the wear of the upper edges of the blades of gas turbine engines, reduction technology of ultrasonic hardening of steel balls, thermoplastic hardening. **Abstract.** The technology of restoration of gas turbine engine blades. Shows comparative experimental data on the fatigue strength and the wear of blades of gas turbine engines. The analysis of the reasons influencing the fatigue strength and wear resistance of the blades.

References

1. Termoplasticheskoe uprochnenie – rezerv povysheniya prochnosti i nadezhnosti detalej mashin: Monografiya / B.A. Kravchenko, V.G. Krucilo, G.N. Gutman. – Samara: Samarskij GTU, 2000. – 216 s.
2. Krucilo V.G. Termoplasticheskoe uprochnenie kak metod nerazrushayushhego kontrolya detalej mashin.// Texnologii remonta, vosstanovleniya i uprochneniya detalej mashin, mexanizmov, oborudovaniya, instrumenta i texnologicheskoj osnastki. Materialy 8-j mezhdunarodnoj prakticheskoj konferencii-vystavki. Sankt-Peterburg, 2008, s.243-248
3. Krucilo V.G., Krotinov N.B. E'kspluatacionnye ispytaniya turbinnyx lopatok, uprochnennyx termoplasticheskim metodom// Special'nyj vypusk, podgotovlennyj po materialam mezhdunarodnoj nauchno-texnicheskoj konferencii «Problemy i perspektivy razvitiya dvigatelestroeniya». SGAU, Samara, 2011. - S. 380-383.
4. Patent №2351660 Rossijskaya Federaciya. MPK C21D8/00, C21D1/10, C22F1/10. Sposob termoplasticheskogo uprochneniya detalej i ustanovka dlya ego osushhestvleniya/Krucilo V.G.; zayavitel' i patentoobladatel' Krucilo Vitalij Grigor'evich.-№ 2006106015/02, zayavl. 26.02.2006; opubl. 10.04.2009 Byul. № 10
5. Patent №2258086. Rossijskaya Federaciya. MPK C21D9/00, C21D1/62. Sposob termoplasticheskogo uprochneniya detalej i ustanovka dlya ego osushhestvleniya./Krucilo V.G.; zayavitel' i patentoobladatel' Krucilo Vitalij Grigor'evich.-№ 2003136715/02, zayavl.17.12.2003; opubl. 10.08.2005 Byul. № 22.

МЕХАНИКА ДЕФОРМИРУЕМОГО ТВЕРДОГО ТЕЛА

MECHANICS OF DEFORMABLE SOLID

Modern problems of theory of machines. – North Charleston: CreateSpace, 2016. – №4(1)
УДК 539.3; 539.115; 539.374

МОДЕЛИРОВАНИЕ ПРОЦЕССА ПРЕССОВАНИЯ ПРЯМОУГОЛЬНОЙ ПОЛОСЫ В РЕЖИМАХ СВЕРХПЛАСТИЧНОСТИ

Рудаев Я.И., Сулайманова С.М.

Кыргызско-Российский Славянский университет, Бишкек

Ключевые слова: сверхпластичность, прессование, задача оптимизации, объемное формоизменение.

Аннотация. Рассматривается аналитическое решение технологической задачи прессования полосы в изотермических условиях в диапазоне температур сверхпластичности. При найденном виде разрешающей функции определены поля скоростей перемещений и деформаций, компоненты напряжений и вычислено усилие прессования. Установлены энергосиловые и кинематические характеристики, отвечающие изготовлению полуфабриката с качественными структурными показателями.

Введение

Современный уровень теоретических и экспериментальных исследований позволяет рассматривать сверхпластичность как особое состояние поликристаллического материала, пластически деформируемого при пониженном напряжении с сохранением в продеформированном металле мелкой исходной структуры (структурная сверхпластичность) или с её формированием в процессе нагрева и деформации (динамическая сверхпластичность).

Задача математического моделирования технологических операций горячего объемного формоизменения связана, а первую очередь, с установлением полей температур, напряжений и скоростей деформаций. При этом немаловажным считается обоснование и создание условий, обеспечивающих возможность формообразования при сравнительно невысоких деформирующих условиях. Такие условия реализуются при использовании эффекта сверхпластичности, особенности проявления которого для промышленных алюминиевых сплавов изложены в [1, 2]. Здесь показано, что путем оптимального сочетания силовых, кинематических и термических параметров можно прогнозировать изготовление полуфабрикатов со структурой, близкой к мелкозернистой.

В связи со сказанным рассмотрим задачу установления энергосиловых и кинематических характеристик процесса прямого горячего прессования алюминиевой полосы прямоугольного сечения в изотермических условиях при температуре, принадлежащей диапазону реализации эффекта сверхпластичности.

1. Постановка задачи

Прессованием полосы называется технологический процесс, в котором заготовка в форме призмы выдавливается из контейнера через матрицу с уменьшением поперечных размеров заготовки. Отношение площади поперечного сечения заготовки A_0 к площади поперечного сечения изделия на выходе из матрицы A_k называется вытяжкой и определяется отношением

$$\lambda = \frac{A_0}{A_k}.$$ (1.1)

В основу постановки задачи положено исследование течения металла в клиновидном сходящемся канале в предположении радиальности указанного течения [3,4].

Примем, как в [3,4] , цилиндрическую систему координат $\rho\,\alpha\,z$, причем начало координат разместим в вершине клина, а ось z направим перпендикулярно плоскости течения металла (рис. 1).

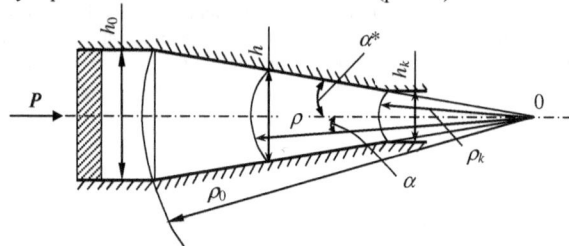

Рис. 1 – Схема процесса прессования

Математическая формулировка задачи включает:
– уравнения равновесия

$$\frac{\partial \sigma_\rho}{\partial \rho} + \frac{1}{\rho}\frac{\partial \tau_{\rho\alpha}}{\partial \alpha} + \frac{\sigma_\rho - \sigma_\alpha}{\rho} = 0; \quad \frac{\partial \tau_{\rho\alpha}}{\partial \rho} + \frac{1}{\rho}\frac{\partial \sigma_\alpha}{\partial \alpha} + \frac{2\tau_{\rho\alpha}}{\rho} = 0,$$ (1.2)

где компоненты тензора напряжений σ_{ij} предполагаются поделенными на напряжение σ^*, являющимся внутренним параметром состояния и зависящим от температуры [2];
– геометрические соотношения

$$\dot{\varepsilon}_\rho = \frac{\partial \upsilon_\rho}{\partial \rho}; \quad \dot{\varepsilon}_\alpha = \frac{\upsilon_\rho}{\rho}; \quad \dot{\gamma}_{\rho\alpha} = \frac{1}{\rho}\frac{\partial \upsilon_\rho}{\partial \alpha},$$ (1.3)

причем составляющие тензора скоростей деформаций $\dot{\varepsilon}_{ij}$ поделены на величину $\dot{\varepsilon}^*$, которая также является внутренним параметром состояния, альтернативным σ^* [2]; скорость радиального перемещения υ_ρ также принята безразмерной, отнесенной к скорости $\dot{\varepsilon}^*$ и ширине полосы; понятно, что координаты ρ и z также поделены на ширину полосы, которая принята постоянной;
– условие несжимаемости в скоростях

$$\dot{\varepsilon}_\rho + \dot{\varepsilon}_\alpha = 0;$$ (1.4)

– определяющие уравнения, принятые в форме соотношений теории упругопластических процессов малой кривизны [5] ,

$$\sigma_\rho - \sigma_0 = \frac{2\sigma_u}{3\dot{\varepsilon}_u}\dot{\varepsilon}_\rho \,;\ \sigma_\alpha - \sigma_0 = \frac{2\sigma_u}{3\dot{\varepsilon}_u}\dot{\varepsilon}_\alpha \,;\ \tau_{\rho\alpha} = \frac{\sigma_u}{3\dot{\varepsilon}_u}\dot{\gamma}_{\rho\alpha}, \tag{1.5}$$

где σ_0 – среднее напряжение, а интенсивности напряжений σ_u и скоростей деформаций $\dot{\varepsilon}_u$ определяются формулами [2]

$$\sigma_u = \frac{\sqrt{3}}{2}\sqrt{(\sigma_\rho - \sigma_\alpha)^2 + 4\tau_{\rho\alpha}^2}\,;\ \dot{\varepsilon}_u = \frac{1}{\sqrt{3}}\sqrt{4\dot{\varepsilon}_\rho^{\,2} + \dot{\gamma}_{\rho\alpha}^{\,2}}. \tag{1.6}$$

Уравнение состояния принято в форме [1, 2]

$$\sigma_u = 1 + m_0(\dot{\varepsilon}_u - 1)^3 + \beta(\dot{\varepsilon}_u - 1), \tag{1.7}$$

где $m_0 \sim$ const, а величине $\beta = \beta(\xi)$ принадлежит роль управляющего параметра, причем ξ – приведенная температура (при сверхпластичности $\beta < 0$, $\xi \in\ ] 0,1\ [$).

Граничные условия будем формулировать в процессе решения задачи.

2. К определению разрешающей функции

Подстановка зависимостей (1.3) в условие несжимаемости (1.4) приводит к дифференциальному уравнению

$$\frac{\partial \upsilon_\rho}{\partial \rho} + \frac{\upsilon_\rho}{\rho} = 0. \tag{2.1}$$

Решение уравнения (2.1) имеет вид

$$\upsilon_\rho = -\frac{K(\alpha)}{\rho}, \tag{2.2}$$

где $K = K(\alpha)$ – произвольная функция, подлежащая определению.

С учетом (2.2) для компонент скоростей деформаций получаем

$$\dot{\varepsilon}_\rho = \frac{K(\alpha)}{\rho^2}\,;\ \dot{\varepsilon}_\alpha = -\frac{K(\alpha)}{\rho^2}\,;\ \dot{\gamma}_{\rho\alpha} = -\frac{K'(\alpha)}{\rho^2}. \tag{2.3}$$

Подставив (2.3) в выражение для интенсивности скоростей деформации (1.6), будем иметь

$$\dot{\varepsilon}_u = L^{1/2}(\alpha)\cdot\rho^{-2}, \tag{2.4}$$

где обозначено

$$L(\alpha) = \frac{1}{3}\left(4K^2(\alpha) + K'^2(\alpha)\right). \tag{2.5}$$

Воспользовавшись (2.4), уравнение состояния (1.7) можно переписать так

$$\frac{\sigma_u}{\dot{\varepsilon}_u} = F(\rho,\alpha) = (1 - m_0 - \beta)\rho^2 L^{-\frac{1}{2}}(\alpha) + 3m_0 + \beta - 3m_0 L^{\frac{1}{2}}(\alpha)\rho^{-2} + m_0 L(\alpha)\rho^{-4}. \tag{2.6}$$

Определяющие соотношения (1.5), принимая во внимание (2.6), запишутся следующим образом

$$\sigma_\rho = \sigma_0 + \frac{2}{3}F(\rho,\alpha)\frac{K(\alpha)}{\rho^2}\,;\ \sigma_\alpha = \sigma_0 - \frac{2}{3}F(\rho,\alpha)\frac{K(\alpha)}{\rho^2}\,;\ \tau_{\rho\alpha} = -\frac{1}{3}F(\rho,\alpha)\frac{K'(\alpha)}{\rho^2}. \tag{2.7}$$

Теперь становится очевидным, что поля напряжений, скоростей деформаций и перемещений могут быть определены, если установлено явное выражение функции $K = K(\alpha)$, которую назовем разрешающей. Для нахождения вида указанной функции воспользуемся следующим приемом. Подставим соотношения (2.7) в дифференциальные уравнения равновесия (1.2). Найденные при этом производные $\dfrac{\partial \sigma_0}{\partial \rho}, \dfrac{\partial \sigma_0}{\partial \alpha}$ продифференцируем соответственно по α и ρ, и приравняем друг другу. Полученная при этом система дифференциальных уравнений будет тождественно удовлетворяться при условии:

$$K''' + 4K' = 0. \tag{2.8}$$

Интеграл уравнения (2.8) равен

$$K(\alpha) = -\frac{C_1}{2}\cos 2\alpha + \frac{C_2}{2}\sin 2\alpha + C_3, \tag{2.9}$$

где C_1, C_2, C_3 – постоянные интегрирования, подлежащие определению из граничных условий.

На рассматриваемом этапе решения могут быть сформулированы следующие два граничных условия

$$\tau_{\rho\alpha}\big|_{\alpha=0} = 0; \ \ S = -\chi\tau_{\max}\big|_{\alpha=\alpha^*} \tag{2.10}$$

Здесь S – интенсивность сил трения (касательное напряжение) на контакте матрицы и деформируемого материала, $\tau_{\max}$ максимальное касательное напряжение, χ – коэффициент пропорциональности, определяемый экспериментально [6], α^* – угол наклона матрицы (рис. 1).

Воспользовавшись граничными условиями (2.10), для функции $K(\alpha)$ получим

$$K(\alpha) = \frac{C_1}{2}(\psi - \sin 2\alpha), \tag{2.11}$$

где

$$\psi(\alpha^*, \chi) = \cos 2\alpha^* + \frac{\sqrt{1 - \chi^2}}{\chi}\sin 2\alpha^*. \tag{2.12}$$

Таким образом, найдено явное выражение разрешающей функции, в которое входит не установленная еще постоянная C_1. Для ее определения необходимо исследовать поле скоростей перемещений.

3. Скорости перемещений и деформаций

Рассмотрение кинематики течения связано с выбором очага деформации, который ограничен [3] поверхностью клина и двумя поверхностями разрыва скоростей $\rho_0 = \rho_0(\alpha)$, $\rho_k = \rho_k(\alpha)$ (рис. 1). На рис. 2. изображены направления векторов скоростей перемещений при входе в очаг пластической деформации – средней υ_0 и радиальной υ_ρ, заимствованные в [3, 4].

146

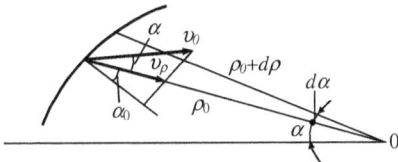

Рис. 2 – К выводу уравнения поверхности разрыва скоростей перемещений на входе в матрицу

Несложно, опуская промежуточные выкладки, показать, что для радиуса поверхности $\rho_0 = \rho_0(\alpha)$, ограничивающей очаг деформации на входе в матрицу, получим уравнение:

$$\rho_0 = \frac{C_1\left(\sin^2\alpha - \psi\alpha\right)}{2\upsilon_0\sin\alpha}.\tag{3.1}$$

Если принять условие несжимаемости в форме $\upsilon_0 h_0 = \upsilon_k h_k$, то функция $\rho_k = \rho_k(\alpha)$ определится так

$$\rho_k = \frac{C_1\left(\sin^2\alpha - \psi\alpha\right)}{2\upsilon_0\lambda\sin\alpha}.\tag{3.2}$$

Здесь, как и выше, $\lambda = h_0/h_k$ – степень обжатия полосы (вытяжка), а для $\psi(\alpha^*,\chi)$ имеем (2.12) .

Перейдем теперь к непосредственному установлению постоянной C_1. Запишем выражение для секундного объема материала, проходящего через поверхность $\rho_0 = \rho_0(\alpha)$, в виде интеграла

$$W_c = \iint\limits_A \upsilon_\rho\big|_{\rho=\rho_0}\,dA,\tag{3.3}$$

где A – площадь сечения матрицы при $\rho_0 = \rho_0(\alpha)$.

Если учесть, что в цилиндрических координатах $dA = \rho_0 dz d\alpha$, то вместо (3.3) для полосы единичной ширины с привлечением теоремы о среднем и с учетом (2.2) можно записать

$$\int\limits_0^{\alpha^*} K(\alpha)d\alpha = \upsilon_0 h_0 \alpha^*.\tag{3.4}$$

Подставив в это уравнение формулу (2.11) и вычислив интеграл в левой части, для $K = K(\alpha)$ будем иметь

$$K(\alpha) = \frac{\upsilon_0 h_0}{2\overline{\psi}}\left(\psi - \sin 2\alpha\right),\tag{3.5}$$

где
$$\overline{\psi} = \frac{\alpha^*}{\psi^*-1+\cos\alpha^*}.\tag{3.6}$$

Теперь окончательно кинематические характеристики процесса будут определяться зависимостями:

–скорость радиального перемещения

147

$$\upsilon_\rho = \frac{\upsilon_0 h_0}{2\overline{\psi}\rho}(\sin 2\alpha - \psi), \qquad (3.7)$$

– функции $\rho_0 = \rho_0(\alpha)$, $\rho_k = \rho_k(\alpha)$, ограничивающие в радиальном направлении очаг пластической деформации,

$$\rho_0(\alpha) = h_0 \frac{\sin^2\alpha - 4\alpha}{2\overline{\psi}\sin\alpha}; \ \rho_k = h_0 \frac{\sin^2\alpha - \psi\alpha}{2\overline{\psi}\lambda\sin\alpha}; \qquad (3.8)$$

– скорости деформаций

$$\dot\varepsilon_\rho = \frac{\upsilon_0}{2\overline{\psi}\rho^2}(\psi - \sin 2\alpha); \ \dot\varepsilon_\alpha = -\frac{\upsilon_0}{2\overline{\psi}\rho^2}(\psi - \sin 2\alpha); \ \dot\gamma_{\rho\alpha} = -\frac{\upsilon_0}{\overline{\psi}\rho^2}\cos 2\alpha. \ (3.9)$$

Здесь для $\psi(\alpha^*,x)$, $\overline{\psi}(\alpha,^*x)$ получены соответственно формулы (2.12), (3.6).

4. Определение компонентов напряжений

Для составляющих напряжений приведем формулы в виде, удобном для дальнейшего использования. При этом учтено граничное условие в форме

$$\sigma_\rho\big|_{\rho=\rho_k} = 0. \qquad (4.1)$$

С использованием указанного условия, обозначив $\varphi(\alpha) = K'' - 4K$, зависимости для напряжений в окончательной редакции могут быть представлены следующими выражениями:

$$3\sigma_\rho = (1 - m_0 - \beta)L^{-1/2}\left(\frac{L'K'}{2L} - K'' + 4K\right)\ln\frac{\rho}{\rho_k} - 4(1 - m_0 - \beta)L^{-1/2}K -$$

$$-\frac{3m_0+\beta}{2}\varphi\left(\frac{1}{\rho_k^2} - \frac{1}{\rho^2}\right)(K'' - 4K) - 4(3m_0+\beta)\frac{K}{\rho_k^2} + \frac{3}{4}m_0 L^{1/2}\left(\frac{L'K'}{2L} + K'' - 4K\right)\times$$

$$\times\left(\frac{1}{\rho_k^4} - \frac{1}{\rho^4}\right) + 12m_0 L^{1/2}\frac{K}{\rho_k^4} - \frac{m_0}{6}L\left(\frac{L'K'}{L} + K'' - 4K\right)\left(\frac{1}{\rho_k^6} - \frac{1}{\rho^6}\right) - 4m_0 L\frac{K}{\rho_k^6};$$

$$3\sigma_\alpha = (1 - m_0 - \beta)L^{-1/2}\left(\frac{L'K'}{2L} - K'' + 4K\right)\ln\frac{\rho}{\rho_k} - \frac{3m_0+\beta}{2}(K'' + 4K)\times$$

$$\left(\frac{1}{\rho_k^2} - \frac{1}{\rho^2}\right) + \frac{3}{4}m_0 L^{1/2}\left(\frac{L'K'}{2L} + K'' + 12K\right)\cdot\left(\frac{1}{\rho_k^4} - \frac{1}{\rho^4}\right) - \qquad (4.2)$$

$$-\frac{m_0}{6}L\left(\frac{L'K'}{L} + K'' + 8K\right)\left(\frac{1}{\rho_k^6} - \frac{1}{\rho^6}\right);$$

$$3\tau_{\rho\alpha} = \left[(1 - m_0 - \beta)L^{-1/2} + \frac{3m_0+\beta}{\rho^2} - \frac{3m_0}{\rho^4}L^{1/2} + \frac{m_0}{\rho^6}L\right]K'.$$

Обратимся к не задействованному еще граничному условию, в соответствие которому деформирующее усилие на выходе из матрицы отсутствует. Имеем:

$$\int\limits_0^{\alpha^*} \sigma_\rho \Big|_{\rho=\rho_k} \rho_k d\alpha = 0.$$ (4.3)

После подстановки в (4.3) первой формулы (4.2) приходим к интегралу:

$$\int\limits_0^{\alpha^*} K(\alpha)\left[(1-m_0-\beta)L^{-\frac{1}{2}}(\alpha)\rho_k + (3m_0+\beta)\rho_k^{-1} - 3m_0 L^{\frac{1}{2}}(\alpha)\rho_k^{-3} + m_0 L(\alpha)\rho_k^{-5}\right]d\alpha = 0.$$ (4.4)

Вычислив (4.4) и введя обозначение

$$\mu = \upsilon_0 \lambda^2 \overline{\psi}/h_0 ,$$ (4.5)

получим следующее кубическое уравнение относительно μ

$$a_1(\alpha^*)\mu^3 + a_2(\alpha^*)\mu^2 + a_3(\alpha^*)\mu + a_4(\alpha^*) = 0.$$ (4.6)

Здесь коэффициенты $a_i(\alpha^*)$ равны

$$a_1(\alpha^*) = \frac{\sqrt{3}}{4}(1-m_0-\beta)\int\limits_0^{\alpha^*} H_1(\alpha)H_2(\alpha)H^{-1/2}(\alpha)d\alpha;$$

$$a_2(\alpha^*) = (3m_0+\beta)\int\limits_0^{\alpha^*} H_1(\alpha)H_2^{-1}(\alpha)d\alpha;$$ (4.7)

$$a_3(\alpha^*) = -4\sqrt{3}m_0 \int\limits_0^{\alpha^*} H_1(\alpha)H_2^{-3}(\alpha)H^{-1/2}(\alpha)d\alpha;$$

$$a_4(\alpha^*) = \frac{16}{3}m_0 \int\limits_0^{\alpha^*} H_1(\alpha)H_2^{-5}(\alpha)H(\alpha)d\alpha,$$

причем $\quad H(\alpha) = 1 - 2\psi\sin 2\alpha + \psi^2;\quad H_1(\alpha) = \psi - \sin 2\alpha;$

$$H_2(\alpha) = \frac{\sin^2 2\alpha - \psi\alpha}{\sin\alpha}.$$ (4.8)

5. Определение деформирующего усилия

Зная величину и распределение напряжений на поверхности, ограничивающей вход в очаг деформации, можно определить усилие прессования, приходящееся на единицу ширины полосы:

$$P = 2\int\limits_0^{\alpha^*} \sigma_\rho \Big|_{\rho=\rho_0} \rho_0 d\alpha .$$ (5.1)

После подстановки в интеграл (5.1) выражения для σ_ρ (4.2) при $\rho = \rho_0$ получим

$$P = \frac{2h_0}{\overline{\psi}\lambda^2}\left[Q_0(\alpha^*) + Q_1(\alpha^*)\mu(\alpha^*) + Q_2(\alpha^*)\mu^2(\alpha^*) + Q_3(\alpha^*)\mu^3(\alpha^*)\right],$$ (5.2)

где $\mu(\alpha^*)$ является решением уравнения (4.6), причем $\lambda = \rho_0/\rho_k$, а коэффициенты, входящие в выражение (5.2), равны

$$Q_0(\alpha^*) = \sqrt{3}(1-m_0-\beta)\left\{\left[\int\limits_0^{\alpha^*} \psi H^{-3/2}(\alpha)H_2(\alpha)H_3(\alpha)\cos^2 2\alpha d\alpha -\right.\right.$$

$$-\int_0^{\alpha^*} H^{-1/2}(\alpha)H_2(\alpha)H_3(\alpha)d\alpha \Bigg] \ln\alpha + \int_0^{\alpha^*} H^{-1/2}(\alpha)H_1(\alpha)H_2(\alpha)d\alpha \Bigg\};$$

$$Q_1(\alpha^*) = -2(3m_0 + \beta)\Bigg[(\lambda^2 - 1)\int_0^{\alpha^*} H_1^{-1}(\alpha)H_3(\alpha)d\alpha + 2\lambda^2 \int_0^{\alpha^*} H_1(\alpha)H_2^{-1}(\alpha)d\alpha \Bigg];$$

$$Q_2(\alpha^*) = 4\sqrt{3}m_0\Bigg\{ (\lambda^4 - 1)\Bigg[\int_0^{\alpha^*} \psi H^{-1/2}(\alpha)H_2^{-3}(\alpha)\cos^2 2\alpha d\alpha +$$

$$+ \int_0^{\alpha^*} H^{1/2}(\alpha)H_2^{-3}(\alpha)H_3(\alpha)d\alpha \Bigg] + 4\lambda^4 \int_0^{\alpha^*} H^{1/2}(\alpha)H_1(\alpha)H_2^{-3}(\alpha)d\alpha \Bigg\}; \qquad (5.3)$$

$$Q_3(\alpha^*) = -\frac{32}{9}m_0\Bigg\{ (\lambda^6 - 1)\Bigg[\int_0^{\alpha^*} \psi H_2^{-5}(\alpha)\cos^2 2\alpha d\alpha +$$

$$+ \int_0^{\alpha^*} \psi H^{-1/2}(\alpha)H_2^{-3}(\alpha)\cos^2 2\alpha d\alpha \Bigg] + 2\lambda^6 \int_0^{\alpha^*} H(\alpha)H_1(\alpha)H_2^{-5}(\alpha)d\alpha \Bigg\},$$

причем $H_3(\alpha) = 2\sin 2\alpha - \psi$, а $H(\alpha), H_1(\alpha), H_2(\alpha)$ определены выше (4.8).

Для вычисления интегралов (4.7), (5.3) разработана соответствующая процедура.

6. Об оптимизации процесса прессования полосы с использованием сверхпластичности

Трудности, встречаемые при математической формулировке и решении технологических задач объемного формоизменения, в том числе в термомеханических режимах сверхпластичности, обсуждены в [2]. Поэтому целесообразной представляется возможность выработки технологической стратегии [5] с обеспечением оптимальности некоторых критериев. Нельзя не согласиться с мнением [7], утверждающим, что из множества общепризнанных критериев выбирается лишь один из них или априорно задается путь их приведения к единственному критерию.

Использование сверхпластичности способствует выработке нетрадиционных критериев оптимизации. Так, на изменение силовых, термических и кинематических параметров процесса очаг деформации откликается изменением объема и расположения области сверхпластичности, которая составляет часть очага деформации. Следовательно, при таком подходе оптимизационная задача разбивается на две части. В первой из них определению подлежат условия, при которых объем зоны сверхпластичности будет максимальным. Вторая сторона задачи состоит в обеспечении требуемого расположения указанной зоны в очаге деформации в зависимости от конечной цели процесса.

Считаем температуру процесса постоянной и не выходящей за термический диапазон сверхпластичности. Исключив, таким образом, температуру, обратим внимание на анализ поля скоростей деформаций, внешней характеристикой которого может служить средняя скорость прессования υ_0.

В качестве целевой функции выбираем объем зоны сверхпластичности ($W^{СП}$) в очаге деформации. Принимаем, что указанный объем при оптимальном сочетании силовых, термических и кинематических условий достигает максимума

$$W^{СП} = \iiint\limits_{(W)} dW \to \max. \qquad (6.1)$$

В цилиндрических координатах вместо (6.1) можем записать:

$$2\int\limits_{0}^{\alpha^*} \rho^2 d\alpha \to \max. \qquad (6.2)$$

К условию (6.2) добавим ограничения на сверхпластическую область по скоростям деформаций, которые следуя [1, 2], имеют вид:

$$1 - \left(-\frac{\beta}{3m_0}\right)^{1/2} \le \dot{\varepsilon}_u \le 1 + \left(-\frac{\beta}{3m_0}\right)^{1/2}, \qquad (6.3)$$

причем, как и выше, m_0 – постоянная материала, β – управляющий параметр (при сверхпластичности $\beta < 0$), $\dot{\varepsilon}_u$ – интенсивность скоростей деформаций (2.4), (2.5).

Неравенство (6.3), используя (2.4) и (2.5), можно свести к следующему:

$$\rho_1 \le \rho \le \rho_2, \qquad (6.4)$$

где положено

$$\rho_1 = \left\{\left[1 - \left(-\frac{\beta}{3m_0}\right)^{1/2}\right]^{-1}\left(\frac{4K^2 + K'^2}{3}\right)^{1/2}\right\}^{1/2};$$

$$\rho_2 = \left\{\left[1 + \left(-\frac{\beta}{3m_0}\right)^{1/2}\right]^{-1}\left(\frac{4K^2 + K'^2}{3}\right)^{1/2}\right\}^{1/2}. \qquad (6.5)$$

Здесь через ρ_1, ρ_2 обозначены соответственно верхнее и нижнее значения радиуса ρ, ограничивающие область сверхпластичности.

Произвольная величина $\rho \in]\rho_1, \rho_2[$ может быть определена так:

$$\rho = \frac{1}{\Pi}\left(\frac{4K^2 + K'^2}{3}\right)^{1/4}, \qquad (6.6)$$

Где $\Pi \in \left]1 - (-\beta/3m_0)^{\frac{1}{2}}; \; 1 + (-\beta/3m_0)^{\frac{1}{2}}\right[$.

Теперь можно утверждать, что получена задача вариационного исчисления, для решения которой в соответствии с (6.2) и (6.6) необходимо построить функционал:

151

$$\Phi = \int\limits_{0}^{\alpha^*} \left(4K^2 + K'^2\right)^{1/2} d\alpha.$$ (6.7)

Случай (6.7) относится к разряду, когда подынтегральная функция зависит только от $K(\alpha), K'(\alpha)$, т.е.

$$J = J(K, K') = \left(4K^2 + K'^2\right)^{1/2}.$$ (6.8)

При этом первый интеграл уравнения Эйлера вычисляется сразу и имеет вид:

$$J - K' J_{k'} = C,$$ (6.9)

где C – произвольная постоянная интегрирования.

Теперь уравнение (6.9) с учетом (6.8) приводится к дифференциальному уравнению с разделенными переменными:

$$K' = \frac{2K}{C} \left(4K^2 - C^2\right)^{1/2}.$$ (6.10)

Интеграл уравнения (6.10) с учетом краевого условия $K'(0) = 0$ будет равен:

$$K(\alpha) = \frac{C}{2} \cos^{-1} 2\alpha.$$ (6.11)

Из (6.11) следует ограничение на величину угла $\alpha = \alpha^*$, образующего в окружном направлении границу области сверхпластичности,

$$\alpha^* \le \frac{\pi}{4}.$$ (6.12)

Таким образом, объем зоны сверхпластичности будет максимальным, если имеют место условия (6.4), (6.12).

Перейдем теперь ко второй части оптимизационной проблемы, связанной с отысканием рационального расположения сверхпластической области. При этом будем предполагать, что конечной целью процесса прессования является получение высококачественной полосы с мелкозернистой структурой. Поэтому сверхпластическую зону будем стремиться поместить так, чтобы исключить на выходе из матрицы скоростные условия за рамками диапазона сверхпластичности. Поверхность разрыва скоростей перемещений здесь определяется вторым уравнением (3.8), которое перепишем в форме:

$$\rho_k^2 = \frac{h_0 H_2^2(\alpha)}{4\lambda^2 \overline{\psi}^2},$$ (6.13)

где $H_2(\alpha)$ определяется третьей формулой (4.8).

Уравнение, ограничивающее область сверхпластичности по верхнему скоростному пределу (на выходе из матрицы), в соответствии с (6.5), (3.5) будет иметь вид:

$$\rho_2^2 = \frac{\upsilon_0 h_0 H^{1/2}(\alpha)}{\overline{\psi}\left[1+\left(-\frac{\beta}{3m_0}\right)^{1/2}\right]}, \qquad (6.14)$$

причем для $H(\alpha)$ записано первое выражение (4.8).

Условие пересечения поверхностей (6.13), (6.14) представляется равенством:

$$4\mu H^{1/2}(\alpha) = H_2^2(\alpha)\left[1+\left(-\frac{\beta}{3m_0}\right)^{1/2}\right], \qquad (6.15)$$

где для μ получено (4.5).

Несложно показать, что функция (6.15) положительно определена, по крайней мере, при условии (6.12). Последнее означает, что в пределах (6.12) пересечение поверхностей, ограничивающих очаг деформации $\rho_k = \rho_k(\alpha)$ и область сверхпластичности по верхнему пределу скоростей деформаций $(\rho_2 = \rho_2(\alpha))$, отсутствует.

Более того, можно утверждать, что $\rho_k < \rho_2$.

Теперь очевидно, что оптимальным следует признать взаимное расположение поверхностей $\rho_k(\alpha)$ и $\rho_n(\alpha)$ таким, чтобы обеспечить (рис. 1) выполнение условия

$$\rho_k\left(\alpha^*\right) = \rho_2\left(\alpha^*\right). \qquad (6.16)$$

Равенство (6.16) по существу есть требование касания поверхностей $\rho_k = \rho_k(\alpha)$ и $\rho_2 = \rho_2(\alpha)$. Поэтому, положив в (6.15) $\alpha = \alpha^*$, с учетом формул (4.7), (6.13), (6.14), получим оптимальное значение скоростного параметра $\mu = \mu_{onm}$. Имеем:

$$\mu_{onm.} = \frac{H_2^2(\alpha^*)\left[1+\left(-\beta/3m_0\right)^{1/2}\right]}{4H^{1/2}(\alpha^*)}. \qquad (6.17)$$

Здесь $H(\alpha^*), H_2(\alpha^*)$ определяются зависимостями (4.8) при $\alpha = \alpha^*$.

Заключение

На рис. 3 представлены в виде графиков зависимости $\mu \sim \alpha^*$, построенные на основании решения (6.17) оптимизационной задачи (кривая 1) и для случая (4.5)… (4.7), когда только температура принадлежит диапазону сверхпластичности (кривая 2). Как видно из представленных графиков, скорость прессования при удовлетворении, кроме температурных, еще и скоростных условий сверхпластичности, для изготовления полосы с мелким зерном значительно снижается (примерно в 2,5 … 3,0 раза).

На рис. 4 показаны графики зависимостей усилия прессования (5.2) от угла α^*. Анализ графических зависимостей, приведенных на рис. 4, показывает, что усилия прессования с введением оптимально расположенной области сверхпластичности снижаются сравнительно с

153

полученными значениями из решения краевой задачи. Увеличение λ, при прочих равных условиях означающее удлинение конической части матрицы, приводит к значительному возрастанию усилия прессования. Так, усилия при λ = 1,5 возрастают примерно на порядок для более длинных матриц. При сверхпластичности усилие снижается в 3...4 раза.

Укажем, что конкретные расчеты проводились для параметров, соответствующих сплаву АМг5 [1]. Качественно решение не изменится и для других сплавов, проявивших сверхпластические свойства при сжатии.

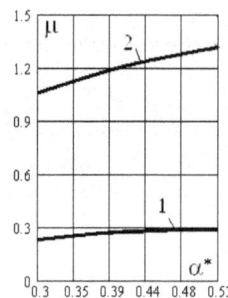

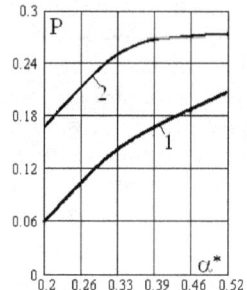

Рис. 3 – Зависимость оптимальной скорости прессования от угла α^* при $\varLambda$= 1,5; χ=0,3; β= -0,134; кривая 2 соответствует скоростям прессования без оптимизации.

Рис. 4 – Зависимость усилия прессования от угла α^* при $\varLambda$ = 1,5; χ = 0,3; β = -0,134; кривая 2 соответствует усилиям прессования без оптимизации.

Таким образом, показано, что удовлетворение только температурных условий реализации сверхпластичности без учета скоростного фактора не может отвечать принятой цели изготовления конечного продукта с качественной ультрамелкозернистой структурой.

Список литературы

1. Рудаев Я.И. Введение в механику динамической сверхпластичности. – Бишкек: КРСУ, 2003. – 134 с.
2. Рудской А.И. Механика динамической сверхпластичности алюминиевых сплавов/ А.И. Рудской, Я.И. Рудаев.– СПб., 2009. – 217 с.
3. Малинин Н.Н. Прикладная теория пластичности и ползучести. – М.,1975.– 400 с
4. Соколовский В.В. Теория пластичности. – М., 1969. – 608 с.
5. Кийко И.А. Пластическое течение металлов // Научные основы прогрессивной техники и технологии. – М., 1985. – С.102-103.
6. Малинин Н.Н. Технологические задачи пластичности и ползучести. – М., 1979. – 119 с.
7. Аксенов Л.Б. Системное проектирование процессов штамповки. – Л.: Машиностроение, 1990. – 240 с.

PRESSING PROCESS MODELLING RECTANGULAR STRIP IN THE MODES SUPERPLASTICITY

Rudaev Ya.I., Sulaymanova S.M.

Keywords: superplastic, pressure, optimization problem, volume form change.

Abstract. The analytical decision of a technological problem of pressure of a strip in isothermal conditions in a range of temperatures superplasticity is considered. Depending on the found kind of resolving function fields of strain rates and deformations are certain, components of the stresses and the power pressure is calculated. The energy-power and the kinematic characteristics adequating to manufacturing of a semifinished product with qualitative structural indicators are established.

Referencess

1. Rudaev Ya.I. Introduction to mechanics of dynamic superplasticity. – Bishkek: KRSU, 2003. – 134 p.
2. Rudskoy A.I. Mechanics of dynamic superplasticity of aluminum alloys / A.I. Rudskoy, Ya.I. Rudaev. – SPb., 2009. – 217 p.
3. Malinin N.N. Applied theory of plasticity and creep. – M., 1975. – 400 p.
4. Sokolovsky V.V. The theory of plasticity. – M., 1969. – 608 p.
5. Kiyko I.A. Plastic current of metals //Scientific bases of progressive equipment and technology. – M., 1985. – pp 102-103.
6. Malinin N.N. Technological problems of plasticity and creep. – M., 1979. – 119 p.
7. Aksenov L.B. System design of processes of stamping. – L.: Mechanical engineering, 1990. – 240 p.

УДК 621.92

ОЦЕНКА ДЕФОРМАЦИЙ СИСТЕМЫ В ПРОЦЕССЕ МЕХАНИЧЕСКОЙ ОБРАБОТКИ РЕЗАНИЕМ

Бидахметова А.Ж., Карибаева Ж.К., Турусбеков К.С.,
Жайлаубаева Ш.Д., Жайлаубаев Д.Т.
Государственный университет имени Шакарима, Семей

Ключевые слова: конвекция, температурный градиент, резец, эквивалент теплоты.
Аннотация. Произведена оценка расчета влияния различных факторов на температуру резания при контакте деталей с резцом.

В процессе резания между контактирующими поверхностями теплота нагрева концентрируется в зоне сдвига элементов стружки, где происходит пластическая деформация, на площади контакта стружки по передней и задней грани поверхности инструмента и обрабатываемой деталью.

Наиболее высокая температура резания - наблюдается в стружке в зоне контакта ее с передней поверхностью инструмента, так как здесь концентрируется наибольшее количество теплоты, образующейся в результате деформации стружки и трения ее с передней поверхности резца.

Наибольшее количество теплоты, образующейся вследствие деформации остается в стружке и частично поглощается обрабатываемой деталью. Теплота трения стружки остается в основном в стружке и частично направляется в инструмент. Теплота трения по задним граням инструмента направляется в деталь и резец. Потери теплоты от конвекции в процессе резания невелико, так как стружка весьма быстро формируется в зоне резания и столь же быстро проходит зону контакта с резцом.

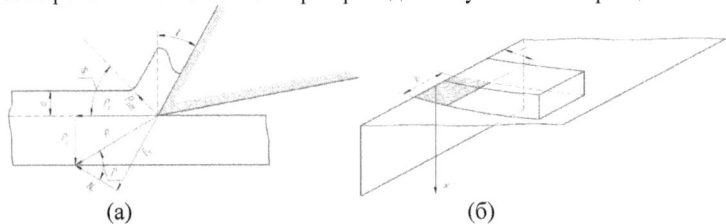

(а)   (б)

Рис.1 – Схема сил, в процессе резания (а) и схема контакта стружки и резца (б)

На рис. 1, *(а)* показана схема сил, действующих в зоне резания. Считая, что вся работа резания в единицу времени $R_z = P_z v$, и трения стружки по передней поверхности:

$$R_\Pi = F_\Pi v_{CTP} = F_\Pi v \frac{1}{\xi}$$

ξ -усадка стружки, получим работу деформации стружки:

$$R_{ДЕФ} = R_z - R_П = P_z v - F_П v \frac{1}{\xi}, \text{ где } F_П = P_Z \sin\gamma + P_Y \cos\gamma \quad (1)$$

Работа деформации стружки определяется по формуле:

$$R_{ДЕФ} = P_z v \left[1-(\sin\gamma+\mu_0\cos\gamma)\right]\frac{1}{\xi} \text{ где } \mu_0 = \frac{P_E}{P_z}. \quad (2)$$

Температуры стружки в среднем будет составлять:

$$(\theta_{ДЕФ} - \theta_0)_{cp} = \frac{\alpha_0 P_z v \left[(1-\beta_0)-(\sin\gamma+\mu_0\cos\gamma)\frac{1}{\xi}\right]}{Ecdbav}, \quad (3)$$

где $\Theta_{ДЕФ}$— температура стружки, когда последняя покидает зону деформации, в °C; Θ_0— температура окружающей среды в °C;
a_0— коэффициент, потеря теплоты от деформации (принимаем a_0= 0,95);
β_0— коэффициент, переход части тепла в изделие (по Вейнеру, β_0=0,1 при V= 100 м/мин, β_0= 0,05 при v= 300 м/мин); E— механический эквивалент теплоты *(Е= 427 * 1$0^{-2}$ кгс м/ккал);* с — теплоемкость нагретой стружки в ккал/кгс град; d— плотность стружки (7,8 *$10^{"6}$ кгс/мм³); b— ширина среза в мм; *а*— толщина среза в мм.

Принимая $\frac{P_z}{ba}$- р кгс/мм² (удельная сила резания) и пренебрегая значением Θ_0, получим:

$$\theta_{ДЕФ.CP} = \frac{\alpha_0 p \left[(1-\beta_0)-(\sin\gamma+\mu_0\cos\gamma)\frac{1}{\xi}\right]}{Ecd}. \quad (4)$$

Покидая зону деформации, нагретая $\Theta_{ДЕФ.CP}$ стружка трется по передней поверхности резца со скоростью на площади контакта шириной b и длиной *l* (рис. 1, б).

Теплота работы силы трения по передней грани:

$$Q_{ТР.П} = \frac{F_П v}{E\xi}. \quad (5)$$

Для определения температуры на передней поверхности резца, в результате трения стружки, рассматривая резец, как твердый стержень с поперечным сечением *bl*, постоянной температурой $\Theta_{ТР.П}$. Для решения используется уравнение теплопроводности:

$$\frac{\partial\theta_{ТР.П}}{\partial\tau} = \omega\frac{\partial^2\theta_{ТР.П}}{\partial x^2}, \quad (6)$$

где $\omega = \frac{\lambda}{c'd'}$, температуропроводность; λ-теплопроводность резца;

с'- теплоемкость резца; d'-плотность; τ-время, в течение которого стружка проходит площадь контакта длиной:

$$\tau = \frac{\iota}{v_{CTP}} = \frac{\iota\xi}{v}. \quad (7)$$

Решая уравнение при начальных и граничных условиях $\Theta_x = \Theta_{ТР.П}$ при *x = 0*, $\Theta_{тр.п}$=0 при τ =0, получим уравнение:

$$\theta_{\tau,X} = \theta_{TP.\Pi}\left(\frac{x}{\Delta} - \frac{2}{\pi}e^{\frac{\pi^2\sigma^2}{\Delta^2}}\sin\frac{\pi x}{\Delta}\right)$$

(8)

где $\Theta_{\tau.x}$ — температура, от теплоты трения в данной точке, времени τ; Δ— глубина, на которую проникает теплота трения. Из вычислений получим:

$$\theta_{TP.\Pi} = \frac{F_{\Pi}\sqrt{v\frac{1}{\xi}\pi}}{2Eb\sqrt{\lambda cdl}}.$$

(9)

Суммируя температуры деформации стружки и трения ее по передней поверхности инструмента, получим температуру резания, т.е. температуру на площади контакта стружки и инструмента:

$$\theta_{PE3} = \theta_{\text{ДЕФ}} + \theta_{TP.\Pi} = \frac{\alpha_0 p\left[(1-\beta_0)-(\sin\gamma+\mu_0\cos\gamma)\frac{1}{\xi}\right]}{Ecd} + \frac{F_{\Pi}\sqrt{\frac{v}{\xi}\frac{\sqrt{\pi}}{2}}}{Eb\sqrt{\lambda cdl}}.$$

(10)

Формула показывает закономерность изменения температуры резания в зависимости от разных факторов. Построены графики изменения составляющих температуры резания в зависимости от скорости резания для минералокерамического (рис.2, *а*) и для твердосплавного резца (рис.2, *б*). С увеличением скорости резания уменьшается температура деформации, возрастает температура трения. В результате температура резания повышается.

Температура резания получается более высокой при работе минералокерамическим резцом (рис. 2, *а*) сравнительно с твердосплавным (рис. 2, *б*), что подтверждается практикой.

Обрабатываемая деталь нагревается в основном теплотой деформации. Очевидно температура детали должна уменьшаться с увеличением скорости резания, при этом уменьшается $\theta_{\text{ДЕФ}}$ (рис.2). Подобный вывод подтверждается на практике при работе острым резцом в нормальных условиях.

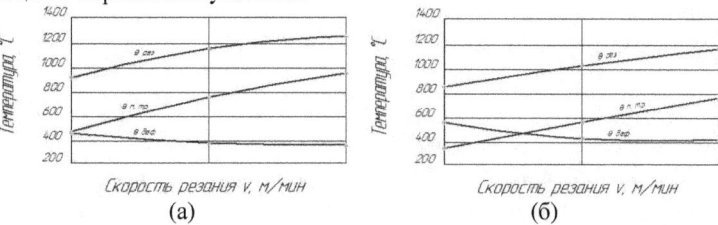

(а)   (б)

Рис. 2 – Изменение составляющих температур резания при обработке стали ОХН4М: а — для минералокерамического резца; *б* — для твердосплавного резца; *t* = 2 мм; S=0,14 мм/об; γ= 10° заднего угла *а* и угла в плане *φ* положение меняется

С увеличением силы трения растут работа и теплота трения по задней поверхности резца, температура детали повышается с увеличением скорости резания v.

Расчет температуры резания в формулах зависит от переменных взаимозависимых параметров. Теплоемкость C увеличивается, теплопроводность λ уменьшается с возрастанием температуры. Длина контакта стружки и резца уменьшается с увеличением скорости резания, и растет по мере износа резца.

Значения коэффициентов изменяются в зависимости от различных факторов и от вида процесса резания.

Исходя из оценки расчета температуры резания, изучены закономерности изменения температуры резания в зависимости от различных факторов и справедливыми в определенных границах и условиях.

Список литературы
1. Резников А.Н. Теплофизика резания. – М.:Машиностроение, 1969. – С. 52-55.
2. Грановский Г.И. Резание металлов. – М.: Высшая школа,1985. – С 43-44.
3. Вульф А.М. Резание металлов. – М.: Машиностроение,1973. – С 39-41.
4. Филлипс Д., Гарсиа-Диас А. Методы анализа систем. – М., 1983.
5. Guide to the Project Management Body of Knowledge 6, 2000 Edition, Project management Institute.

EVALUATION SYSTEM DEFORMATIONS DURING MACHINING CUTTING
Bidahmetova A.Z., Karibaeva Z.K., Tyrusbekov K.S., Zhailaybaeva S.D.,
Zhailaybaev D.T.

Keywords: convection, the temperature gradient, cutter, heat equivalent.
Abstract. At research of contacting details with a cutter creates heat generation between the friction surfaces. Calculations of the impact of different factors on the cutting temperature.

References
1. Phillips D., Garcia-Diaz A. Methods of system analysis. M., 1983
2. Reznikov A.N. Thermophysics of cutting/ - M.: Mechanical engineering, 1969.-52-55 p.
3. Vulve A.M. Thermophysics of cutting. - M.: Mechanical engineering, 1973. 39-41p.
4. Granovsky G.I. Metal cutting. - M.: High school
5. Guide to the Project Management Body of Knowledge 6, 2000 Edition, Project management Institute.

Modern problems of theory of machines. – North Charleston: CreateSpace, 2016. – №4(1)
УДК 539.4.015

ТЕОРЕТИЧЕСКОЕ ИЗУЧЕНИЕ МАРТЕНСИТНОЙ НЕУПРУГОСТИ СПЛАВОВ С ПАМЯТЬЮ ФОРМЫ ПРИ ИЗОТЕРМИЧЕСКИХ ТРАЕКТОРИЯХ ДЕФОРМИРОВАНИЯ ПО СПИРАЛИ АРХИМЕДА

Малинин В.Г., Муссауи Ю.Ю.

Орловский государственный аграрный университет, Орёл

Ключевые слова: эффект памяти формы; траектория деформирования по спирали Архимеда; мартенситная неупругость; математическая модель.

Аннотация. Используя методы структурно-аналитической мезомеханики, представлены результаты теоретического исследования мартенситной неупругости материалов с эффектом памяти формы (ЭПФ) при изотермических траекториях деформирования с непрерывно изменяющейся кривизной в пространстве деформаций в виде спирали Архимеда. Результаты расчётов согласуются с имеющимися экспериментальными данными.

Материалы с фазовым механизмом превращения представляют особый интерес в механике деформируемого твёрдого тела. К таким материалам можно отнести сплавы, обладающие эффектом памяти формы. Особенностью подобных сплавов является нетривиальное механическое поведение, связанное со структурными или фазовыми превращениями при изотермическом деформировании в различных интервалах характеристических температур [1]. В настоящей статье, на основе методов структурно-аналитической мезомеханики, исследуются особенности мартенситной неупругости при изотермическом деформировании ниже температуры конца мартенситной реакции (M_K) по траектории с непрерывно изменяющейся кривизной в пространстве деформаций в виде спирали Архимеда.

Обстоятельное экспериментальное и теоретическое изучение материалов с ЭПФ при сложных траекториях нагружения проводится под руководством И.Н. Андронова (см. монографию [2]). Колоссальный объём исследований в области формулировки определяющих соотношений при пропорциональном нагружении материалов с ЭПФ, а также решения краевых задач механики выполнен под руководством С.П. Беляева, А.Е. Волкова, С.С. Гаврюшина, А.И. Разова, А.А. Мовчана [3 – 9].

Масштабные экспериментальные и теоретические исследования мартенситной неупругости при сложных траекториях нагружения в пространстве напряжений представлены в [1, 15, 16].

Изучению механических свойств материалов с дислокационным механизмом превращения при сложных траекториях нагружения посвящены фундаментальные исследования школы В.Г. Зубчанинова [10 – 12].

Заметим, что в работах [13, 14] представлены теоретические и экспериментальные результаты исследования мартенситной неупругости материалов с памятью формы при деформировании по траекториям постоянной кривизны в пространстве деформаций.

Как отмечалось выше, данная статья посвящена теоретическому изучению механических свойств сплавов с памятью формы при деформировании по спирали Архимеда.

На рисунке 1 представлена схема деформирования материала.

В соответствии с методикой, представленной в [1, 15], предполагается, что тело макроскопически однородно и подвергается сложному деформированию по спирали Архимеда и, что имеет место мартенситная реакция только первого рода. Тогда, в соответствии с [1], уравнение Клаузиуса-Клапейрона можно записать в виде:

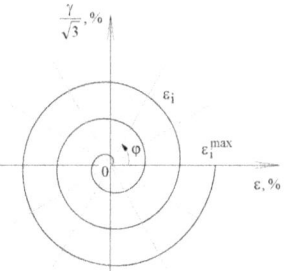

Рис. 1 – Схема деформирования по спирали Архимеда

$$\dot{T}^* = \dot{T} + \left(\frac{T_0}{q_0} \cdot D_i \right) \cdot \dot{\sigma}_i;$$

$$\dot{T}^* = \left(\frac{T_0}{q_0} \cdot D_i \right) \cdot \dot{\sigma}_i = k \cdot \dot{\sigma}_i, \tag{1}$$

где T_0 – температура термодинамического равновесия; q_0 – тепловой эффект реакции; D_i – дисторсия мартенситного превращения; $\dot{\sigma}_i$ – скорость изменения интенсивности напряжений. Здесь и далее точка над символом означает производную по времени.

В результате процессов структурных превращений: мартенсит охлаждения $\rightarrow$ виртуальный аустенит напряжений $\rightarrow$ мартенсит напряжений, после ориентационного усреднения [1] компонент тензора деформаций на мезомасштабном уровне, на макроскопическом уровне получим дифференциальное уравнение для расчёта деформации мартенситной неупругости в виде:

$$\dot{\varepsilon}_{ik} = 2 \cdot B_\phi \cdot \dot{\Phi} \cdot Dev(\sigma_{ik}) \cdot H\!\left(-\dot{T}^*\right), \tag{2}$$

где $\dot{\varepsilon}_{ik}$ – тензор скоростей деформаций; B_ϕ – коэффициент структурно-механической податливости; $\dot{\Phi}$ – скорость изменения фазового состава; $Dev(\sigma_{ik})$ – девиатор напряжений; $H\!\left(-\dot{T}^*\right)$ – функция Хевисайда.

Кинетика образования и исчезновения мартенсита представляется уравнением:

$$\dot{\Phi} = \frac{-\dot{T}^*}{M_\text{н} - M_\text{к}} \cdot H\!\left(T^* - M_\text{к}\right) \cdot H\!\left(-\dot{T}^*\right) \cdot H\!\left(M_\text{н} - \Phi(M_\text{н} - M_\text{к}) - T^*\right) + $$
$$+ \frac{-\dot{T}^*}{A_\text{к} - A_\text{н}} \cdot H(\Phi) \cdot H\!\left(\dot{T}^*\right) \cdot H\!\left(T^* + \Phi \cdot (A_\text{к} - A_\text{н}) - A_\text{к}\right), \tag{3}$$

где $\dot{T}^*$ – скорость изменения эффективной температуры [1]; $M_н$, $M_к$, $A_н$, $A_к$ – температуры соответственно начала и конца прямой и обратной мартенситной реакции.

Выполнив математические преобразования, уравнения (2) с учётом выражений (1), (3), получим систему дифференциальных уравнений:

$$\begin{cases} \dot{\sigma}_i \cdot \sigma_{11} = A \cdot \dot{\varepsilon}(t) \\ \dot{\sigma}_i \cdot \sqrt{3} \cdot \sigma_{12} = A \cdot \dot{\gamma}^*(t), \end{cases} \qquad (4)$$

где $A = \left(M_н - M_к\right)\!\big/\!\left(B_{ф1}^* \cdot k\right);\ B_{ф1}^* = 2 \cdot \dfrac{2}{3} \cdot B_{ф1};\ \gamma^* = \dfrac{\gamma}{\sqrt{3}}.$

Решениями уравнений (4) являются искомые функции нормальных и касательных напряжений для произвольных траекторий деформирования:

$$\sigma_{11} = \pm\frac{\dot{\varepsilon}(t)}{\dot{\varepsilon}_i(t)} \cdot \sqrt{\int 2 \cdot A \cdot \left|\dot{\varepsilon}_i(t)\right|dt + C}; \qquad (5)$$

$$\sqrt{3} \cdot \sigma_{12} = \pm\frac{\dot{\gamma}^*(t)}{\dot{\varepsilon}_i(t)} \cdot \sqrt{\int 2 \cdot A \cdot \left|\dot{\varepsilon}_i(t)\right|dt + C}; \qquad (6)$$

$$\sigma_i = \sqrt{\int 2 \cdot A \cdot \left|\dot{\varepsilon}_i(t)\right|dt + C}, \qquad (7)$$

где C – константа интегрирования, которая определяется из начальных условий.

Для заданной траектории деформирования (см. рисунок 1), получаем следующие выражения для расчёта компонент тензора напряжений:

$$\sigma_{11} = \pm\frac{\cos\alpha - \alpha \cdot \sin\alpha}{\sqrt{1+\alpha^2}} \cdot \sqrt{\pm A \cdot a \cdot \left(Q(\alpha) - Q(\alpha_0)\right) + \sigma_{i,пц}^2};$$

$$\sqrt{3} \cdot \sigma_{12} = \pm\frac{\sin\alpha + \alpha \cdot \cos\alpha}{\sqrt{1+\alpha^2}} \cdot \sqrt{\pm A \cdot a \cdot \left(Q(\alpha) - Q(\alpha_0)\right) + \sigma_{i,пц}^2}; \qquad (8)$$

$$\sigma_i = \sqrt{\pm A \cdot a \cdot \left(Q(\alpha) - Q(\alpha_0)\right) + \sigma_{i,пц}^2},$$

где $\alpha = \varphi + \lambda$; $\alpha_0 = \varphi_0 + \lambda$; φ_0 – параметр, удовлетворяющий уравнению: $\sigma_i(\varphi_0) = \sigma_{i,пц}$; $\sigma_{i,пц}$ – предел пропорциональности материала; λ – определяется из уравнения: $\sin\lambda + (\varphi_0 + \lambda) \cdot \cos\lambda = 0$; A – определяется из выражения (4); a – шаг спирали, определяемый из выражения $a = \varepsilon_i / \varphi$.

Функция $Q(\alpha)$ определяется выражением:

$$Q(\alpha) = \alpha \cdot \sqrt{1+\alpha^2} + \ln\left|\alpha + \sqrt{1+\alpha^2}\right|.$$

На рисунках 2 – 7 представлены результаты расчёта напряжений, возникающих в материале с памятью формы при изотермическом деформировании по спирали Архимеда. Расчёт проводится при следующих характеристиках материала: $M_н = 333К$; $M_к = 311К$; $A_н = 353К$; $A_к = 375К$; $T_д = 293К$; $\sigma_{i,пц} = 99МПа$;

$\varepsilon_{i,\text{пц}} = 0,168\%; k = 6,062 \cdot 10^{-7} \text{ К} \cdot \text{Дж}^{-1} \cdot \text{м}^3; \qquad\qquad \varphi_0 = 395,8^0;$

$B_\phi = 4,314 \cdot 10^{-11} \text{ Па}^{-1}.$

Заметим, что на рисунках 2 – 7 представлены результаты расчёта при $a = 2,432 \cdot 10^{-4}$, где a – шаг спирали.

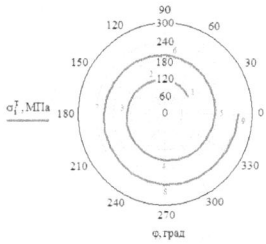

Рисунок 2 – Изменение напряжений в координатах $\sigma_i = \sigma_i(\varphi)$

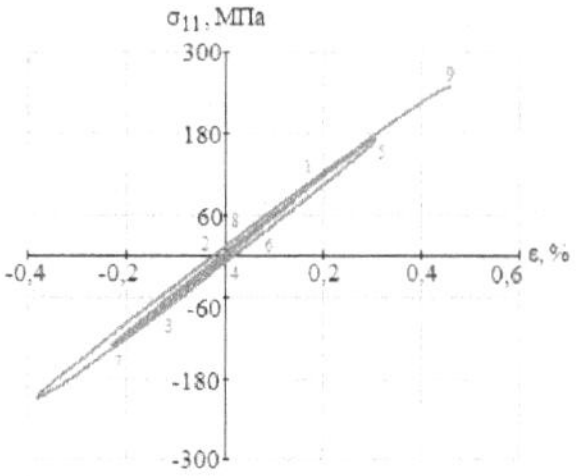

Рисунок 3 – Изменение напряжений в координатах $\sigma_{11} = \sigma_{11}(\varepsilon)$

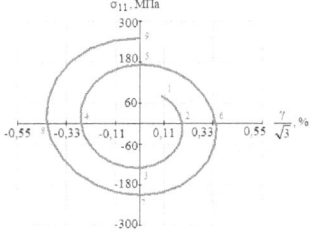
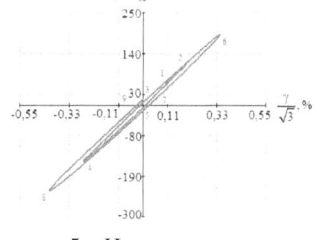

Рисунок 4 – Изменение напряжений в координатах $\sigma_{11} = \sigma_{11}\left(\gamma/\sqrt{3}\right)$

Рисунок 5 – Изменение напряжений в координатах $\sigma_{12} = \sigma_{12}\left(\gamma/\sqrt{3}\right)$

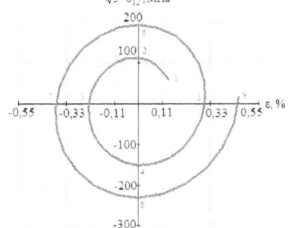
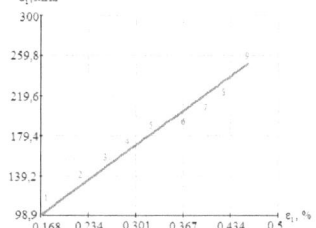

Рисунок 6 – Изменение напряжений в координатах $\sigma_{12} = \sigma_{12}(\varepsilon)$

Рисунок 7 – Изменение напряжений в координатах $\sigma_i = \sigma_i(\varepsilon_i)$

Графики, представленные на рисунках 2 – 7 качественно соответствуют данным экспериментов, полученных на материалах с дислокационным механизмом деформации [10].

Список литературы

1. Лихачёв, В. А. Структурно-аналитическая теория прочности / В. А. Лихачёв, В. Г. Малинин. – СПб.: Наука, 1993. – 471 с.

2. Андронов, И.Н. Механические свойства материалов с эффектом памяти формы при сложном температурно-силовом воздействии и ортогональном нагружении. – Ухта: УГТУ, 2010. – 190 с.
3. Беляев, Ф.С. Микроструктурное моделирование обратимой и необратимой деформации при циклическом термомеханическом нагружении никелида титана / Ф.С. Беляев, А.Е. Волков, М.Е. Евард // Вестник Тамбовского университета. Серия: Естественные и технические науки. – 2013. – С.2025-2026.
4. Егоров, С.А. Влияние гидростатического давления на механическое поведение сплавов TI-NI и CUAINi / С.А. Егоров, С.П. Беляев, А.Е. Волков, С.А. Пульнев // Физика металлов и металловедение. – 2003. – С.123-128.
5. Разов А.И. Механика материалов с эффектом памяти формы (теоретические и прикладные исследования): автореф. дис. …д.т.н.: 01.02.04 / Разов Александр Игоревич. – СПб., 2000.
6. Ганыш, С.М. Простейшая математическая модель пространственного стержня, выполненного из сплава с эффектом памяти формы / С.М. Ганыш, С.С. Гаврюшин // Инженерный вестник. ФГБОУ ВПО «МГТУ им. Н.Э. Баумана». – 2014. – С. 69.
7. Ганыш, С.М. Экспериментальное определение параметров диаграммы фазовых переходов для сплава с эффектом памяти формы / С.М. Ганыш, С.С. Гаврюшин, И.Н. Андронов // Известия высших учебных заведений. Машиностроение. ФГБОУ ВПО «МГТУ им. Н.Э. Баумана». – 2012. – С.79 – 83.
8. Мовчан, А.А. Материалы с памятью формы как объект механики деформируемого твердого тела: экспериментальные исследования, определяющие соотношения, решение краевых задач / А.А. Мовчан, С.А. Казарина // Физическая мезомеханика. – 2012. – С. 105.
9. Мовчан, А.А. Сплавы с памятью формы: микро- и макро- механика, определяющие соотношения, краевые задачи, устойчивость // VI сессия научного совета РАН по механике. ФГБОУ ВПО «Алтайский государственный технический университет им. И.И. Ползунова». – 2012. – С. 43-45.
10. Зубчанинов, В.Г. Экспериментальная пластичность. Монография. Книга 1. Процессы сложного деформирования / В.Г. Зубчанинов, Н.Л. Охлопков, В.В. Гараников. – Тверь: ТГТУ, 2003. – 172 с.
11. Зубчанинов, В.Г. Математическая модель пластического деформирования материалов при сложном нагружении // Проблемы прочности и пластичности. Национальный исследовательский государственный университет им. Н.И. Лобачевского. – 2005. – С.5-13.
12. Алексеев, А.А. Численное исследование процессов сложного упругопластического деформирования стали по криволинейным траекториям / А.А. Алексеев, В.Г. Зубчанинов // Пермский национальный исследовательский политехнический университет. – 2015. – С.8-12.

13. Малинин, В.Г. Экспериментальные исследования и моделирование изотермических траекторий деформирования постоянной кривизны при мартенситных превращениях сплава Ti-50%Ni методами структурно-аналитической мезомеханики / В.Г. Малинин, Ю.Ю. Муссауи, Д.В. Ефремов // Национальная ассоциация учёных (НАУ). – 2015. – №9 (14). – С. 103.
14. Малинин, В.Г. Экспериментальное и теоретическое исследование влияния процессов сложного деформирования на эффекты мартенситной неупругости / В.Г. Малинин, Ю.Ю. Муссауи, Д.В. Ефремов // Проблемы прочности, пластичности и устойчивости в механике деформируемого твердого тела. Тверской государственный технический университет. – 2015. – С. 54-58.
15. Малинин, Г.В. Деформация мартенситной неупругости при сложных траекториях изотермического нагружения в материалах с эффектом памяти формы / Г.В. Малинин. – Орёл: «Строительство и реконструкция». – 2012. – С. 88 – 96.
16. Малинин, В.Г. Механические свойства материалов с эффектом памяти формы при сложных режимах изотермического нагружения: приложение к инженерному журналу №10, №12 / В.Г. Малинин, Н.А. Малинина, Г.В. Малинин. – М.: Машиностроение, 2002. – 52 с.

THEORETACAL RESEARCH OF MARTENSITIC INELASTICITY OF ALLOYS WITH SHAPE MEMORY EFFECT WHILE DEFORMING UNDER ISOTHERMAL TRAJECTORIES BY ARCHIMEDES SPIRAL
Malinin V.G., Mussaui Yu. Yu.

Keywords: shape memory effect; deformation trajectories by Archimedes spiral; martensitic inelasticity; mathematical model.
Abstract. Results of theoretical research of martensitic inelasticity of materials with shape memory effect (SME) while deforming under isothermal trajectories with continuously changing curvature by Archimedes spiral. Calculation results are consistent with experimental data.

References
1. Lihachyov, V. A. Strukturno-analiticheskaya teoriya prochnosti / V. A. Lihachyov, V. G. Malinin. – SPb.: Nauka, 1993. – 471 s.
2. Andronov, I.N. Mekhanicheskie svojstva materialov s ehffektom pamyati formy pri slozhnom temperaturno-silovom vozdejstvii i ortogonal'nom nagruzhenii / I.N. Andronov. – Uhta: UGTU, 2010. – 190 s.
3. Belyaev, F.S. Mikrostrukturnoe modelirovanie obratimoj i neobratimoj deformacii pri ciklicheskom termomekhanicheskom nagruzhenii nikelida titana / F.S. Belyaev, A.E. Volkov, M.E. Evard // Vestnik Tambovskogo universiteta. Seriya: Estestvennye i tekhnicheskie nauki. – 2013. – S.2025-2026.
4. Egorov, S.A. Vliyanie gidrostaticheskogo davleniya na mekhanicheskoe povedenie splavov TI-NI i CUAINi / S.A. Egorov, S.P. Belyaev, A.E. Volkov, S.A. Pul'nev // Fizika metallov i metallovedenie. – 2003. – S.123-128.
5. Razov A.I. Mekhanika materialov s ehffektom pamyati formy (teoreticheskie i prikladnye issledovaniya): avtoref. dis. ...d.t.n.: 01.02.04 / Razov Aleksandr Igorevich. – SPb., 2000.

6. Ganysh, S.M. Prostejshaya matematicheskaya model' prostranstvennogo sterzhnya, vypolnennogo iz splava s ehffektom pamyati formy / S.M. Ganysh, S.S. Gavryushin // Inzhenernyj vestnik. FGBOU VPO «MGTU im. N.EH. Baumana». – 2014. – S. 69.

7. Ganysh, S.M. EHksperimental'noe opredelenie parametrov diagrammy fazovyh perekhodov dlya splava s ehffektom pamyati formy / S.M. Ganysh, S.S. Gavryushin, I.N. Andronov // Izvestiya vysshih uchebnyh zavedenij. Mashinostroenie. FGBOU VPO «MGTU im. N.EH. Baumana». – 2012. – S.79 – 83.

8. Movchan, A.A. Materialy s pamyat'yu formy kak ob"ekt mekhaniki deformiruemogo tverdogo tela: ehksperimental'nye issledovaniya, opredelyayushchie sootnosheniya, reshenie kraevyh zadach / A.A. Movchan, S.A. Kazarina // Fizicheskaya mezomekhanika. – 2012. – S. 105.

9. Movchan, A.A. Splavy s pamyat'yu formy: mikro- i makro- mekhanika, opredelyayushchie sootnosheniya, kraevye zadachi, ustojchivost' / A.A. Movchan // VI sessiya nauchnogo soveta RAN po mekhanike. FGBOU VPO «Altajskij gosudarstvennyj tekhnicheskij universitet im. I.I. Polzunova». – 2012. – S. 43-45.

10. Zubchaninov, V.G. EHksperimental'naya plastichnost'. Monografiya. Kniga 1. Processy slozhnogo deformirovaniya / V.G. Zubchaninov, N.L. Ohlopkov, V.V. Garanikov. – Tver': TGTU, 2003. – 172 s.

11. Zubchaninov, V.G. Matematicheskaya model' plasticheskogo deformirovaniya materialov pri slozhnom nagruzhenii / V.G. Zubchaninov // Problemy prochnosti i plastichnosti. Nacional'nyj issledovatel'skij gosudarstvennyj universitet im. N.I. Lobachevskogo. – 2005. – S.5-13.

12. Alekseev, A.A. CHislennoe issledovanie processov slozhnogo uprugoplasticheskogo deformirovaniya stali po krivolinejnym traektoriyam / A.A. Alekseev, V.G. Zubchaninov // Permskij nacional'nyj issledovatel'skij politekhnicheskij universitet. – 2015. – S.8-12.

13. Malinin, V.G. EHksperimental'nye issledovaniya i modelirovanie izotermicheskih traektorij deformirovaniya postoyannoj krivizny pri martensitnyh prevrashcheniyah splava Ti-50%Ni metodami strukturno-analiticheskoj mezomekhaniki / V.G. Malinin, YU.YU. Mussaui, D.V. Efremov // Nacional'naya associaciya uchyonyh (NAU). – 2015. – №9 (14). – S. 103.

14. Malinin, V.G. EHksperimental'noe i teoreticheskoe issledovanie vliyaniya processov slozhnogo deformirovaniya na ehffekty martensitnoj neuprugosti / V.G. Malinin, YU.YU. Mussaui, D.V. Efremov // Problemy prochnosti, plastichnosti i ustojchivosti v mekhanike deformiruemogo tverdogo tela. Tverskoj gosudarstvennyj tekhnicheskij universitet. – 2015. – S. 54-58.

15. Malinin, G.V. Deformaciya martensitnoj neuprugosti pri slozhnyh traektoriyah izotermicheskogo nagruzheniya v materialah s ehffektom pamyati formy / G.V. Malinin. – Oryol: «Stroitel'stvo i rekonstrukciya». FGBOU VPO «Gosuniversitet – UNPK», 2012. – S. 88 – 96.

16. Malinin, V.G. Mekhanicheskie svojstva materialov s ehffektom pamyati formy pri slozhnyh rezhimah izotermicheskogo nagruzheniya: prilozhenie k inzhenernomu zhurnalu №10, №12 / V.G. Malinin, N.A. Malinina, G.V. Malinin. – M.: Mashinostroenie, 2002. – 24 s.

ИННОВАЦИОННЫЕ ТЕХНИКА И ТЕХНОЛОГИИ В МАШИНОСТРОЕНИИ

INNOVATIVE EQUIPMENT AND TECHNOLOGIES IN MECHANICAL ENGINEERING

УДК 658.5

ОТ ФРЕДЕРИКА ТЕЙЛОРА ДО СИСТЕМЫ "БЕРЕЖЛИВОЕ ПРОИЗВОДСТВО"

Анисимов В.В.

Уфимский государственный авиационный технический университет, Уфа

Ключевые слова: Фредерик Тейлор, научная организация труда, студенческое технологическое бюро, система "Бережливое производство", производительность труда, качество, себестоимость продукции.

Аннотация. Студенческое технологическое бюро совместно со специалистами одного из ведущих предприятий машиностроения республики Башкортостан исследовало современное состояние системы организации производства. При этом, рассматривались работы Фредерика Тейлора и результаты Хоторнского эксперимента, изучались системы, примененные американскими, европейскими и японскими специалистами. Все эти системы разрабатывались для повышения качества и производительности труда, снижения себестоимости продукции и повышения рентабельности производства. Результаты исследований были применены специалистами предприятия для улучшения деятельности ОАО в условиях усиления конкурентной борьбы.

Современные предприятия, как и сто лет назад, уделяют большое внимание организации производства. Фредерик Уинслоу Тейлор разработал систему организации производства для получения максимальной прибыли. Эти работы использовалась в СССР системе научной организации труда (НОТ). В последние годы исследования в данной области не прекращаются во всех организациях, занимающих лидирующее положение во всех странах.

В течение трех учебных лет студенческое технологическое бюро кафедры "Технология машиностроения" работало на одном из ведущих предприятий машиностроения республики Башкортостан. Студенты этого бюро совместно со специалистами "Методического центра по развитию производственной системы ОАО "Уфимское агрегатное производственное объединение" проводили исследование внедрявшейся на объединении системы "Бережливое производство" (LEAN–MANUFACTURING).

Систему "Бережливое производство" начали внедрять для повышения рентабельности работы организации путем исключения из производственного процесса "лишних" затрат, не приносящих добавленной стоимости. Главной особенностью данной системы является возможность совершенствования производства без изменения технической вооруженности предприятия и, следовательно, без дополнительных капитальных затрат.

Система "Бережливое производство" состоит из нескольких подсистем, называемых инструментами "LEAN–MANUFACTURING".

Первой подсистемой, с которой начиналось внедрение "Бережливого производства" является система улучшения рабочих мест (система 5S), разработанная в шестидесятых годах XX века в Японии.

Система 5S используется организациями и предприятиями во всех отраслях, занимающих лидирующее положение во всем мире. Более того, система 5S способна сделать более эффективной работу системы менеджмента качества, внедренную на российских предприятиях в соответствии с международным стандартом ИСО 9001:2000.

Результатом внедрения системы "Бережливое производство" в Уфимском агрегатном производственном объединении стало пилотное производство по изготовлению насосов "Агидель".

После успешного внедрения системы 5S начался переход к внедрению следующей подсистемы "Кайдзен" (Kaizen). Ее суть в ориентации на потребителя, всеобщем контроле качества, кружках качества, повышении качества, дисциплине на рабочем месте, автоматизации, росте производительности.

Важной особенностью данной системы является ее направленность на разработку предложений снизу. При этом, работник делает предложение по улучшению производственного процесса. Затем предложение рассматривается и принимается решение о его внедрении. После внедрения предложения работник, предложивший идею, поощряется морально и материально в виде премий, поездок и экскурсий. Перечисленные мероприятия приводят не только к материальному эффекту, но и меняют корпоративную культуру, стимулируют рационализаторскую работу.

Еще одним инструментом "LEAN–MANUFACTURING" стало картирование потока создания ценностей. Этот инструмент основан на работах компании Toyota, модифицированных американскими специалистами.

Поток создания ценности – это все действия (добавляющие и не добавляющие ценность), которые необходимо выполнить, чтобы продукт прошел через следующие основные потоки операций:

1) поток проекта – от концепции до выпуска первого изделия;

2) производственный поток – от сырья до готовой продукции.

Карты потоков создания ценностей позволяют рассмотреть материальные и информационные потоки в процессе создания ценностей. При этом, выполняется сбор информации в подразделениях предприятия и создается описание текущего состояния процесса. В результате, можно проследить производственные цепочки изготовления продукции и скорректировав содержание этих цепочек, создать карты потоков будущего состояния готовой продукции. Когда будущее состояние достигается, разрабатывается новая карта потоков будущего состояния. Для поддержания конкурентоспособности объединения необходимо, чтобы поток создания ценности обеспечивал потребителю минимальное время выполнения заказа и цену, самое высокое качество и своевременную поставку.

Следующая система, внедренная на агрегатном объединении – это система всеобщего технического обслуживания оборудования TPM (Total Productive Maintenance). В Японии эту систему определили как «обслуживание оборудования, позволяющее обеспечить его наивысшую эффективность на протяжении всего жизненного цикла с участием всего персонала». TPM в современном производстве основывается на вовлечении всех подразделений организации в процесс улучшений, участии в работе всех и каждого, на разработке механизма создания малых групп в производстве, повышении КПД оборудования. В тридцатых годах XX века на предприятиях "Western Electric Company" была выполнена работа, получившая название "Хоторнский эксперимент" и выявившая влияние организации производства, стиля руководства на производительность труда и, в конце концов, на получение максимальной прибыли. Под воздействием этих работ в Японии была сформулирована доктрина "человеческих отношений".

Внедрение системы всеобщего технического обслуживания оборудования исследовано при серийном производстве изделий в УАПО. Было выявлено неправильное расположение оборудования и станков, нехватка инструментов для переналадки. Это стало причиной значительных отклонений от норм времени на операцию и увеличило продолжительность обработки.

Еще одна концепция, внедряемая на ОАО и связанная с системой "Бережливое производство" зародилась в 1950 году – это концепция SMED. Весной этого года Сигео Синго проводил свои исследования на заводе Mazda Toyo Kogyo в Хиросиме, с целью повышения производительности труда на предприятии.

Наблюдая за тем, как рабочие решали проблему переналадки 800-тонного пресса, Сигео Синго пришёл к выводу, что существуют два фундаментальных типа переналадки:

- внутренняя – та, что может производиться только при отключении оборудования.

- внешняя – её можно осуществлять и в процессе работы станка.

Тщательный анализ и улучшение процесса переналадки позволили увеличить производительность труда отдела штамповки крупных деталей на 50%.

Дальнейшие работы Сигео Синго по совершенствованию процессов переналадки станков в течение 20 лет (1950–1970 гг.) привели к разработке системы быстрой переналадки оборудования (Singl–minite Exchangeof Dies "SMED" – быстрая смена пресс-форм).

Система предназначена для сокращения времени переналадки оборудования и представляет собой набор теоретических и практических методов, позволяющих сократить время операций переналадки. Ее внедрение позволило повысить производительность труда в подразделениях объединения.

Таким образом, в течение последних трех учебных лет студенческое технологическое бюро кафедры "Технология машиностроения" совместно со специалистами "Методического центра по развитию производственной системы ОАО "Уфимское агрегатное производственное объединение" проводили исследования проблем организации производства, не прекращавшиеся со времен Фредерика Уинслоу Тейлора, как в нашей стране, так и во всем мире.

Список литературы
1. Анисимов В.В., Шакирова Р.Р. Бережливое производство. Система 5S // Мавлютовские чтения: Всероссийская молодежная научная конференция: сб. тр. В 5 т. Том 2/ Уфимск. гос. авиац. техн. ун-т. – Уфа: УГАТУ, 2014. – С. 153-154.

FROM FREDERICK TAILOR TO SYSTEM "LEAN–MANUFACTURING"
Anisimov V.V.

Keywords: Frederick Tailor, scientific organization of work, Student Technology Bureau, system "lean-manufacturing", productivity, quality, costs of production.
Abstract. Student Technology Bureau jointly with the specialists of one of the leading engineering enterprises of the republic of Bashkortostan examined the current state of the system of production. At the same time, we considered the work of Frederick Taylor and the results of the Hawthorne experiment studied the system applied by American, European and Japanese experts. All of these systems are designed to improve the quality and productivity, reducing production costs and increasing the profitability of production. The research results have been applied by specialists of the enterprise to improve the performance of in the face of increasing competition.

References
1. Anisimov V.V., Shakirova R.R.. Lean–manufacturing. 5S system // Mavlyutovskie reading: All-RussianYouth Scientific Conference: Sat. tr. In 5 t. Volume 2 / Ufimsk. state. aviation. tehn. Univ. - Ufa: USATU, 2014. - P. 153-154. UDC 658.5

УДК 658.512.4

ОСОБЕННОСТИ ПРИМЕНЕНИЯ ПОНЯТИЯ КРОМКИ ПРИ РАЗМЕРНОМ АНАЛИЗЕ

Масягин В.Б.[1,2], Мухолзоев А.В.[2]
[1]*Омский государственный технический университет, Омск*
[2]*Томский политехнический университет, Томск*

Ключевые слова: размерная цепь, отклонения расположения.

Аннотация. В настоящей статье рассматривается проблема размерного анализа, заключающаяся в отсутствии практических методик учета взаимного влияния всех видов отклонений расположения, что связано с использование понятий поверхности и оси в качестве основных элементов размерных цепей. Предлагается решение данной проблемы на основе использования понятия кромки и соответствующих методик, для деталей типа тел вращения.

В размерном анализе технологических процессов и конструкций используется теория размерных цепей [1]. При помощи теории размерных цепей решаются задачи обеспечения точности для линейных размерных цепей, размерных цепей эксцентриситетов и размерных цепей отклонений от параллельности и от перпендикулярности. Все эти расчеты ведутся с применением размерных схем и графов размерных цепей. При этом размерные схемы и графы являются одномерными, т.е. звенья размерных цепей параллельны. Даже в случае не параллельности звеньев, например, в пространственных размерных цепях, задача сводится к трем проекциям звеньев на координатные оси, т.е. к трем размерным цепям с параллельными звеньями.

При этом для размерных цепей эксцентриситетов делается предположение, что оси цилиндрических поверхностей – параллельны, т.е. не имеют перекосов. Если предположить, что оси цилиндрических поверхностей не параллельны, то в этом случае требуется дополнительный математический аппарат – аналитическая геометрия и метод эпюр в сочетании с графом размерных цепей [2]. Для расчета точностных параметров конструкций используется также метод координатных систем [3], в котором с каждой деталью связывается система координат, а положение деталей в узле определяется точностью положения систем координат, связанных между собой векторами.

Применяемые теоретические модели – теория размерных цепей, графы, эпюры, координатные системы – основаны на принятии в качестве основных элементов – поверхностей или осей детали. При этом для того, чтобы описать объект – деталь – с помощью подобных моделей, необходимо перечислить основные элементы – поверхности, оси, и указать звенья (размеры, отклонения, векторы), связывающие эти основные элементы размерных цепей. В теоретическом плане размерные цепи описываются графом особого вида – графом-деревом.

Практическое применение того или иного метода размерного анализа связано с наличием соответствующих подробно разработанных и проверенных методик. В России таких методик три – методика В.В. Матвеева с соавторами [4], основанная на применении размерных схем специального вида, методика И.А. Иващенко [5] и методика Б.С. Мордвинова [6], основанные на применении графов размерных цепей. Обе методики автоматизированы и обладают широкими возможностями для решения задач размерного анализа технологических процессов и конструкций. Однако практика размерного анализа технологических процессов и конструкций с использованием теории размерных цепей выявила ряд проблем, основная из которых заключается в том, что практически используемые на производстве методы – теория размерных цепей и графы – не позволяют учесть взаимное влияние всех видов отклонений расположения. Метод эпюр и метод координатных систем теоретически позволяют решить эту проблему, но на практике не могут использоваться в связи с ручным характером методов, трудоемкостью.

Для того чтобы расширить возможности размерного анализа за счет задач, в которых учитывается взаимное влияние всех параметров отклонений расположения, можно идти двумя путями – по пути совершенствования существующих методик – доведения до практического использования метода эпюр и метода координатных систем, использующих поверхности и оси в качестве основных элементов. Или можно выйти за пределы известных представлений и использовать новые основные элементы в качестве основных элементов. Рассмотрим второй путь для одного вида деталей – типа тел вращения – на основе понятия кромки.

Основными элементами деталей типа тел вращения являются поверхности – цилиндрические, плоские, конические и другие. Ограничимся только цилиндрическими и плоскими поверхностями, для которых составляются размерные цепи линейных и диаметральных размеров и отклонений расположения. В качестве нового основного элемента для размерного анализа предлагается использовать кромку – линию пересечения цилиндрической и плоской поверхности. Для простоты в качестве кромки принимается окружность. Кромка используется в качестве элемента описания геометрии детали в системах автоматизации проектирования при создании «проволочных моделей» [7], но не применялась в размерном анализе. Выбор кромки в качестве нового базового элемента при размерном анализе является неочевидным, так как требует привлечения понятий из другой области науки, которая не связана напрямую с размерным анализом. То есть здесь случай использования нового понятия на стыке двух научных направлений. Применение кромки в качестве основного элемента при размерном анализе позволяет по-новому сформулировать задачи размерного анализа – не как задачи определения расстояний между поверхностями или осями и отклонений расположения поверхностей или осей, а как задачи определения расстояний между кромками и отклонений расположения кромок. При этом кромка, одновременно принадлежа цилиндрической и плоской поверхности, одновременно отражает отклонения расположения той и другой поверхности, тем самым обеспечивая взаимосвязь всех отклонений расположения поверхностей, образующих кромку.

При этом следует учитывать следующее – для расчета расстояний между поверхностями или осями и отклонений расположения поверхностей используется уже разработанная теория размерных цепей, в соответствии с которой для нахождения неизвестных параметров составляются размерные цепи из звеньев, связывающих поверхности или оси, и решаются системы линейных уравнений. Для расчета расстояний между кромками и отклонений расположения кромок требуется вначале разработать теорию кромок, определить, что считать расстоянием между кромками, и что – отклонениями расположения кромок, и как их рассчитывать.

Таким образом, для того чтобы применить понятие кромки при размерном анализе технологических процессов и конструкций потребовалось предварительно разработать соответствующие методики, позволяющие: описывать форму деталей с помощью кромок [8]; рассчитывать отклонения расположения кромок и их изменение при контроле, обработке и сборке [9,10], рассчитывать расстояния между кромками [11,12]. Без разработки трех данных методик невозможно применить понятие кромки при размерном анализе. Кроме того, все эти методики требуется объединить в одно целое, с единым подходом при описании информации о детали, исходной и обрабатываемой заготовке, сборочной единице, с последующей автоматизацией процесса расчета размеров и отклонений расположения кромок при размерном анализе [13,14].

Разработанный подход на основе использования понятия кромки в качестве основного элемента при размерном анализе позволяет поднять размерный анализ на новый качественный уровень – связать все параметры точности, как размеров, так и отклонений расположения, в единой модели, учитывающей взаимосвязь и взаимное влияние всех параметров точности.

Список литературы
1. Балакшин Б.С. Теория и практика технологии машиностроения. Избр. тр. в 2 кн. Кн. 2. Основы технологии машиностроения. – М.: Машиностроение, 1982. – 387 с.
2. Мордвинов Б.С. Расчет диаметральных технологических размеров при сложной установке заготовок: метод. Указания. – Омск, 1990. –31 с.
3. Базров Б.М. Расчет точности машин на ЭВМ. – М.: Машиностроение, 1984. – 256 с.
4. Матвеев В.В., Тверской М.М., Бойков Ф.И. Размерный анализ технологических процессов. – М.: Машиностроение, 1982. – 264с.

5. Иващенко И.А. Технологические размерные расчеты и способы их автоматизации. – М.: Машиностроение, 1975. – 222 с.

6. Мордвинов Б.С., Огурцов Е.С. Расчет технологических размеров и допусков при проектировании технологических процессов механической обработки. – Омск: Изд-во ОмПИ, 1975. – 160 с.

7. Шпур Г., Краузе Ф.-Л. Автоматизированное проектирование в машиностроении; Пер. с нем. – М: Машиностроение, 1988. – 648 с.

8. Масягин В.Б., Выговский В.Ф. Размерный анализ конструкции машины (при осесимметричной форме деталей) и технологии ее изготовления // Известия вузов. Машиностроение. – 1988. – № 3. – С.102–106.

9. Масягин В.Б. Преобразование теоретических параметров ребер осесимметричных деталей и заготовок при измерениях, выверке и сборке. – М.: МВТУ им. Н.Э. Баумана, 1988. – 24 с. – Деп. в ВНИИТЭМР 17.06.88, № 223-мш88(рус).

10. Масягин В.Б. Применение кромочной модели детали при размерном анализе осесимметричных конструкций // Современные проблемы теории машин. – 2014. – № 2. – С. 90-96.

11. Масягин В.Б., Головченко С.Г. Определение расстояний между поверхностями детали по линейным конструкторским размерам с применением ЭВМ // Омский научный вестник. – 2003. – № 3. – С. 75-78.

12. Масягин В.Б. Метод расчета линейных технологических размеров на основе матричного представления графа // Технология машиностроения. – 2004. – №2. – С. 35-40.

13. Масягин В.Б. Размерный анализ технологических процессов деталей типа тел вращения с учетом отклонений расположения на основе применения кромочной модели деталей // Справочник. Инженерный журнал. – 2009. – №2. – С. 20-25.

14. Masyagin, V. B., "Automation of the dimensional analysis for details of the rotational body type", Dynamics of Systems, Mechanisms and Machines (Dynamics), 2014, vol., no., pp.1,4, 11-13 Nov. 2014. doi: 10.1109/Dynamics.2014.7005683. URL: http://ieeexplore.ieee.org/stamp/stamp.jsp?tp=&arnumber=7005683&isnumber=7005629.

FEATURES OF THE APPLICATION OF THE CONCEPT OF EDGE IN THE DIMENSIONAL ANALYSIS

Masyagin V.B., Muholzoev A. V.

Keywords: dimensional chain, geometrical tolerances.

Absract. In this article the problem of dimensional analysis, is the lack of practical methods of accounting of mutual influence of all kinds of geometrical tolerances, due to the use of the concepts of surface and the axis as the main elements of the dimensional chain. It is proposed to address this problem through the use of the concept of edge and appropriate techniques for parts such as bodies of rotation.

References

1. Balakshin B. S. Teorija i praktika tehnologii mashinostroenija. Izbr. tr. v 2 kn. Kn. 2. Osnovy tehnologii mashinostroenija [Theory and practice of mechanical engineering. Fav. tr. 2 Vol. Bk. 2. Fundamentals of Mechanical Engineering]. Moscow, Mashinostroenie, 1982. 387 p.

2. Mordvinov B. S. Raschet diametral'nyh tehnologicheskih razmerov pri slozhnoj ustanovke zagotovok [Calculation of technological diametrical sizes with a complex installation of workpieces]. Omsk, OmPI, 1990. 31 p.

3. Bazrov B. M. Raschet tochnosti mashin na JeVM [Calculation of precision of the machines with a computer]. Moscow, Mashinostroenie, 1984. 256 p.

4. Matveev V. V., Tverskoj M. M., Bojkov F. I. Razmernyj analiz tehnologicheskih processov [The dimensional analysis of technological processes]. Moscow, Mashinostroenie, 1982. 264 p.

5. Ivashhenko I. A. Tehnologicheskie razmernye raschety i sposoby ih avtomatizacii [Process dimensional calculations and processes for their automation]. Moscow, Mashinostroenie, 1975. 222 p.

6. Mordvinov B. S., Ogurcov E. S. Raschet tehnologicheskih razmerov i dopuskov pri proektirovanii tehnologicheskogo processa mehanicheskoj obrabotki [Calculation of dimensions and technological tolerances in the design process of machining]. Omsk, OmPI, 1975. 104 p.

7. Spur G., Krause F.-L. Avtomatizirovannoe proektirovanie v mashinostroenii [Computer-aided design in mechanical engineering]. Moscow, Mashinostroenie, 1988. 648 p.

8. Masyagin V. B., Vygovskij V. F. Razmernyj analiz konstrukcii mashiny (pri osesimmetrichnoj forme detalej) i tehnologii ee izgotovlenija [Dimensional analysis of the design of the machine (for axially symmetric form parts) and the technology of its manufacture], Izvestija vuzov. Mashinostroenie, 1988, – no 3, pp.102–106.

9. Masyagin V. B. Preobrazovanie teoreticheskih parametrov reber osesimmetrichnyh detalej i zagotovok pri izmerenijah, vyverke i sborke [Transformation of the theoretical parameters of edges of the axially symmetric parts and pieces with measurements, alignment and assembly], Moscow, MVTU im. N.Je. Baumana, 1988. 24 p. Dep. v VNIITJeMR 17.06.88, № 223-msh88(rus).

10. Masyagin V. B. Primenenie kromochnoj modeli detali pri razmernom analize osesimmetrichnyh konstrukcij [The use of the edge model of a part in the dimensional analysis of the axisymmetric constructions], Sovremennye problemy teorii mashin, 2014, no 2, pp. 90-96.

11. Masyagin V. B., Golovchenko S. G. Opredelenie rasstojanij mezhdu poverhnostjami detali po linejnym konstruktorskim razmeram s primeneniem JeVM [Determination of the distances between the surfaces of the parts on the linear dimensions of engineering using computer], Омский научный вестник, 2003, no 3, pp. 75-78.

12. Masyagin V. B. Metod rascheta linejnyh tehnologicheskih razmerov na osnove matrichnogo predstavlenija grafa [The method of calculating the size of the linear process based on the matrix representation of the graph], Tehnologija mashinostroenija, 2004, no 2, pp. 35-40.

13. Massyaguine V. B. Razmernyj analiz tehnologicheskih processov detalej tipa tel vrashhenija s uchetom otklonenij raspolozhenija na osnove primenenija kromochnoj modeli detalej [Dimension analyses of technological processes of machine parts with revolution surfaces with taking into account tolerance of position based on application of edged model of machine part], Spravochnik. Inzhenernyj zhurnal, 2009, no 2, pp. 20-25.

14. Masyagin, V. B., Automation of the dimensional analysis for details of the rotational body type, Dynamics of Systems, Mechanisms and Machines (Dynamics), 2014, vol., no., pp.1,4, 11-13 Nov. 2014. doi: 10.1109/Dynamics.2014.7005683. URL: http://ieeexplore.ieee.org/stamp/stamp.jsp?tp=&arnumber=7005683&isnumber=7005629.

UDC 621.039.53: 620.179.118 (075)

RELATIONSHIP BETWEEN DEFORMATIONAL ACTIVITY OF THE SURFACE AND ELECTRIC PROPERTIES OF MATERIALS

Arefinkina S.E., Denisov R.A., Morozov A.A., Surin V.I.
National Research Nuclear University «MEPhI», Moscow

Keywords: deformational activity of the surface, electrical properties of materials.
Abstract. Deformational activity of the surface associated with the flow in the subsurface layers, even if the applied stress is significantly smaller than the yield point, because of stress concentrators of technological origin and surface defects presented on the surface. The plastic deformation localization on the surface of materials as a result of elastic and plastic deformation was investigated by electrophysical diagnostics and nondestructive testing. Mechanisms and analytical link between changes in mechanical and electrical properties of materials were defined.

The analysis of condition of material with a certain degree of strain hardening during the loading is a complex task that involves several steps. Initially a plastic deformation of materials is localized in the surface layers of deformed product in the form of separate locations with different degree of its demonstration. Initial stages of deformation are characterized by a single slip lines, changed to a dense set of parallel slip lines. As deformation grows, cellular structure has been forming on the surface, turning into a slip strips (Chernov-Luders), typical of the volume microstructure and waves of surface deformation. On the whole this is manifested as the material surface deformation activities. These lead to changes in the surface properties: mechanical, optical and electric.

In the Construction of devices and installations department of NRNU MEPhI (laboratory of functional electrophysical diagnostics and nondestructive testing ElphysLAB) in recent years actively carried out experimental and theoretical work to study the surface and bulk physical properties of materials under load. Some results of these works were published in articles and textbooks [1-5].

In particular, we found that the deformational activity of the surface is closely related to changes in the electric properties of materials [6]. It allows to use this relationship in solving applied tasks, for example, in assessing the degree of permanent deformation during physical and mechanical tests.

Important results were obtained through studies of surface cracks creation and growth on the DTU testing facility [7]. Design of facility was based on the results of the experiments generated at the plant to determine mechanical stresses in a gear connection, and the installation HTM under cyclic flexure tests [1].

The positioning device of electrophysical control sensors on DTU testing facility provides receiving of necessary information about the greatest bending stresses in section of the sample and scans the sample surface to detect the embryonic surface microcracks and to study its further development. For visual observation of creation and growth of cracks a video camera was used.

The developed software suite allows to quickly process the incoming information, to develop a database and produce the necessary calculations on the PC by numerical methods, it also provides test and diagnostic programs, programs for calculation and visualization of results.

On test complex IIS-MEFS were received the results of application of scanning contact potentiometry method (SCP) in terms of physical and mechanical testing of high-temperature corrosion-resistant austenitic steel 12H18H10T, heat-resistant corrosion-resistant martensitic steel 20X13 and hypoeutectoid carbon steel 45 [8]. The process of testing, receiving, processing information and issuing of opinions on the results of electrophysical control is fully automated with developed components and systems.

The SCP method is designed to study heterogeneous surface deformation. Experimental dependence of diagnostic signals ($\Delta\varphi$) is a set of alternating in time jumps and dips (figure 1). The amplitude-time dependence is investigated by the method of harmonic analysis. The physical essence of the method consists in the following. The waves of the inhomogeneous surface deformation (WSD) affect the state of the electric double layer of material, leading to a change of the work function of electrons and the measured electric potential difference. During the mechanical interaction of WSD with the transducer surface the number and size of contact spots of the sample with the transducer is changing. Therefore, the spectral density of the difference of electric potentials will depend on the number of interacting WSD on the contact surface, which is determined using Fourier analysis.

As a result of the conducted research were obtained several analytical functions to calculate the point (local) deformation ε_{calc} at the site of contact of the sample with transducer [9]:

$$\varepsilon_{calc_1} = A_1 \int_{t_1}^{t_2} (\Delta\varphi)^2 dt, \tag{1}$$

$$\varepsilon_{calc_2} = A_2 \int_{t_1}^{t_2} (\Delta\varphi \cdot \overline{\Delta\varphi}) dt, \tag{2}$$

$$\varepsilon_{calc_3} = A_3 \int_{t_1}^{t_2} (\Delta\varphi)^2 dt, \tag{3}$$

where under the integral sign in (2) is correlation function $(\Delta\varphi \cdot \overline{\Delta\varphi})$, $\overline{\Delta\varphi}$ is the average signal level at a predetermined time interval; and A_1 и A_2– dimensional factors. In (3) A_3 function has the form

$$A_3 = \frac{1}{\sigma \cdot V \cdot R},$$

where σ is the applied mechanical stress; V is the volume of the sample; R – fitting function that has the dimension of Ohms.

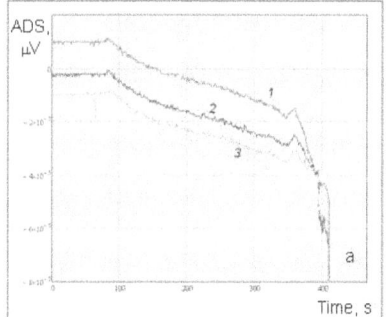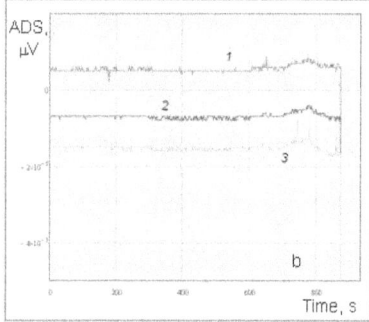

Fig. 1 – The time dependence of the amplitude of the diagnostic signal $\Delta\varphi$ at destruction tests of samples of 12H18H10T (a) and steel 45 (b). The numbers indicate the signals recorded with three transducers placed along the surface of the sample (1 – top, 2 – medium, in the neck, 3 lower)

The results of these studies show that in some cases, the change in time value ε_{calc} practically coincides with the time-dependent function of the deformation obtained experimentally. In case of local distortion (determine the degree of local deformation) of the object time dependence ε_{calc} not always satisfactorily correlates with the dependence of the deformation because of different mechanisms of it localization. For example, if the change of the local deformation is equivalent to the change of total deformation - when the valid formation of deformation mechanism is controlled by the mechanism of formation and fixing of deformation locations in the absence of transfer mechanisms. In this case, on the surface there is a stable picture of the distribution of deformation locations or dynamic waviness (roughness).

Uniform distribution of locations or uniform waviness gives during the measurements the diagnostic signal, which adequately describes the overall deformation.

In this case, with growth of deformation increasing the number of spots between the transducer and the surface, in accordance with results of [10], and as a result the amplitude of diagnostic signal (ADS) also grows. It should be noted that the value of ADS depends also on the location of the second converter, as a differential measurement method is used. If the second (passive) transducer is outside the zone of deformation localization, i.e. removed to a considerable distance from the active transducer, the ADS will be much greater than the amplitude of the noise component, and the calculated value of the deformation ε_{calc} satisfactorily describe the nature of deformation changes.

To determine the more detailed nature of localization and active deformation mechanisms on the surface of an object, it's necessary to use three or more transducer, or an automated scanning system. Figure 2 shows an example of determining relative deformation during compression of aluminum sample. Curve 1 was built according to the indications of the inductive transducer, curve 2 – is calculated, built with the help of correlation function (2).

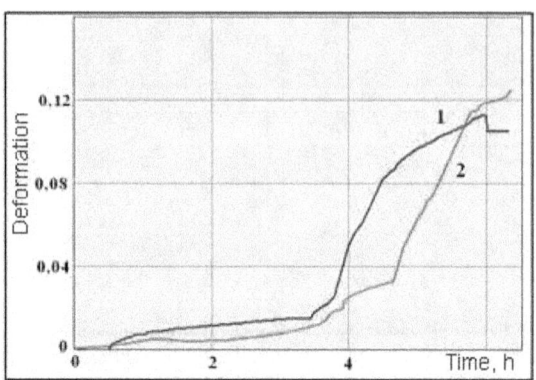

Fig. 2 – Results of determination of the aluminum product deformation during compression

Curve 1 is the deformation measured using an inductive sensor. Curve 2 is based on the diagnostic signal using the correlation function (2).

The results of the tests (figure 1) showed that in the process of deformation localization (loss of steady flow and the formation of local contractions or cervical) the most notable changes of the ADS, and with a higher rate of speed, observed for the transducer, which is located directly in the area of local contraction. In this area the development of a local narrowing in time ahead of this process occurring in nearby adjacent areas, where other transducers are located. Fractographic analysis of the sample showed the formation of a classic cup-shaped fracture of austenitic steel, characterized by a central region of the cleavage-type failure and the peripheral region of the shear fracture. Thus, the result (significantly higher signal of the sensor 1) confirms the high sensitivity of the applied electro-physical method for the emergence of cracks in the destruction area of the sample. As you know, the formation cervical area is characterized by high values of surface tensions, high fluidity and, as a rule, it is most likely the process of intensive formation of WSD and changes in the morphology of the surface profile.

The methods of calculating the point (local) deformation were applied to the task of diagnostics of nuclear fuel samples. Using formulas (1), (2), (3) were calculated the curves of deformation according to the results of reactor testing of the samples. In this case, uranium carbonitride samples were chosen as object of diagnostics (cylindrical samples with a height of 10-13 mm and a diameter of 5-7 mm). Through different cycles of isothermal exposure of the sample at various loads and test durations using the method of radiation heat-and-stress treatment (RHST), received changes of diagnostic parameters in a rather wide range [1].

For the sample of uranium carbonitride doped with zirconium was calculated deformation [11] and made a comparison of calculated values with experimental data, obtained using an inductive transducer. Figure 4 displays the change of experimental ε_{exp} (in microns) and estimated ε_{calc} (in conv units) deformation of uranium carbonitride in the process of carrying out RHST; curve (2) is built on detected signal ΔU_{EL} (figure 3a) and the signal ΔU_T (figure 3b).

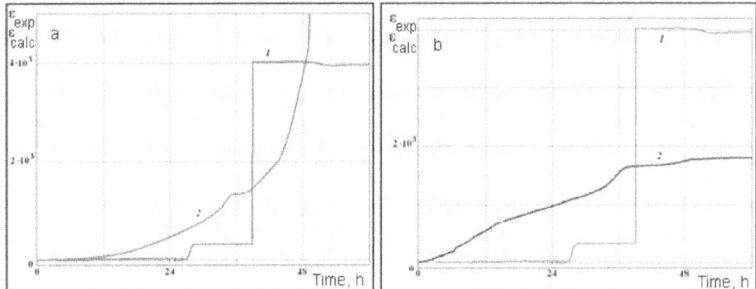

Fig. 3 – Change of experimental ε_{exp} (in microns) and estimated ε_{calc} (in conv units) deformation of uranium carbonitride during RHST

The graphs (figure 4) show that the values of the signal ΔU_{EL} and signal ΔU_T correlate with a structural parameter of deformation with minor differences and are in a similar extent relevant to its determination.

References

1. Surin V.I., Evstyuxin N.A. Surin V. I., Evstyukhin N. A. Electrophysical methods of nondestructive testing and investigation of reactor materials. M., MEPHI. 2008.
2. Surin V.I., Varyatchenko E.P. Numerical methods for calculation of electronic structure of metallic materials. Part I. Metals. Tutorial. M: MEPHI, 2008.
3. Surin V.I., Evstyuxin N.A., Oborin S.B. Spectral analysis of contact potential difference with long-term fatigue tests of alloy D16T// Abstracts. Scientific session. MEPHI -2009. M.: MEPHI, 2009, t.1, p.255.
4. Morozov A.A., Surin V.I., Batuxtin E.A., Zorina T.N. Information provision of the electrophysical method of investigation the materials surface //Information technologies in designing and production M.: FGUP VIMI, 2011г., № 3, p. 59-65.
5. Morozov A.A., Surin V.I., Batuxtin E.A. Surface inspection of materials and products based on the method of field-free quasidynamic capacitor// Nuclear physics and engineering, t.3, №5, 2012, p. 1-8.
6. Surin V.I., Morozov A.A., Batuxtin E.A. Electrophysical method for technical diagnostics of materials and structures// Proceedings of international scientific-practical conference "Information technologies in education, science and production" MNTK–2010, Serpuxov, 2010, p. 443-446.

7. Surin V.I., Zan'ko V.I., Biryukov A.P. Diagnosis of the formation and growth of fatigue cracks in thin metal plates// Information technologies in designing and manufacturing. M.: FGUP VIMI, № 3, 2013, p.71-77.

8. Surin V.I., Shul'ga A.V., Arefinkina S.E., Kokryakov R.A. The method of electrophysical diagnostics of fuel and structural materials//System of design, technological preparation of production and management stages of the life cycle of industrial product (CAD/CAM/PDM–2015). Abstracts of the 15th international conference. M.: LLC «Analitik». – 2015, p. 39.

9. Arefinkina S.E., Surin V.I. The use of electrophysical diagnostic methods of nuclear fuel under irradiation. Innovation in nuclear energy: proceedings of abstracts of conference of young specialists. M.: JSC "NIKIET", 2015.– p. 86.

10. Arefinkina S.E., Gladcin A.M., Evstyuxin N.A., Surin V.I. Principles of construction of diagnostic model for in-core tests// Scientific session MEPhI-2015. Summaries of the reports. Tom. 1. Fundamental research and particle physics. Nuclear energy and nuclear technology. Nuclear systems and materials. Physics of nonequilibrium atomic systems and composites. M.: NRNU MEPHI, 2015. – p.296.

11. Arefinkina S.E., Gladcin A.M., Ryabikovskaya E.V., Surin V.I. Building deformation and surface profile of a nuclear fuel based on the results of functional electrophysical diagnostics// Proceedings of XVI scientific school of young scientists of IBRAE RAS, April 23-24, 2015– (Preprint/ Institute of problems of safe development of atomic energy RAS, April 2015, № IBRAE-2015-01).– M., IBRAE RAS, 2015.– p.174.

СВЯЗЬ ДЕФОРМАЦИОННОЙ АКТИВНОСТИ ПОВЕРХНОСТИ С ЭЛЕКТРИЧЕСКИМИ СВОЙСТВАМИ МАТЕРИАЛОВ
Арефинкина С.Е., Денисов Р.А., Морозов А.А., Сурин В.И.

Ключевые слова: деформационная активность поверхности, электрические свойства материалов

Аннотация. Деформационная активность поверхности связана с процессом течения в приповерхностных слоях, даже если прикладываемое напряжение значительно меньше предела текучести, вследствие наличия на поверхности концентраторов напряжений технологического происхождения и поверхностных дефектов. Локализация пластической деформации на поверхности материалов в результате упругой и пластической деформации была исследована методами электрофизической диагностики и неразрушающего контроля. Определены механизмы и установлена аналитическая связь между изменениями механических и электрических свойств материалов.

Список литературы
1. Сурин В.И., Евстюхин Н.А. Электрофизические методы неразрушающего контроля и исследования реакторных материалов. – Учебное пособие. М: МИФИ, 2008. – 167 с.
2. Сурин В.И., Варятченко Е.П. Численные методы расчета электронной структуры металлических материалов. Часть I. Металлы. Учебное пособие. – М: МИФИ, 2008. – 50 с.

3. Сурин В.И., Евстюхин Н.А., Оборин С.Б. Спектральный анализ контактной разности потенциалов при длительных усталостных испытаниях сплава Д16Т // Аннотации докладов. Научная сессия МИФИ-2009. – М.: МИФИ, 2009. – Т.1. – С. 255.

4. Морозов А.А., Сурин В.И., Батухтин Е.А., Зорина Т.Н. Информационное обеспечение электрофизического метода исследования поверхности материалов // Информационные технологии в проектировании и производстве. – 2011. – №3. – С. 59-65.

5. Морозов А.А., Сурин В.И., Батухтин Е.А. Контроль поверхности материалов и изделий на основе метода бесполевого квазидинамического конденсатора // Ядерная физика и инжиниринг. – 2012. – Т.3. – №5. – С. 437.

6. Сурин В.И., Морозов А.А., Батухтин Е.А. Электрофизический метод для технической диагностики материалов и конструкций // Сборник трудов международной научно-практической конференции «Информационные технологии в образовании, науке и производстве» МНТК–2010. – Серпухов, 2010. – С. 443-446.

7. Сурин В.И., Занько В.И., Бирюков А.П. Диагностика образования и роста усталостных трещин в тонких металлических пластинах // Информационные технологии в проектировании и производстве. – 2013. – №3. – С.71-77.

8. Сурин В.И., Шульга А.В., Арефинкина С.Е., Кокряков Р.А. Методика электрофизической диагностики топливных и конструкционных материалов // Системы проектирования, технологической подготовки производства и управления этапами жизненного цикла промышленного продукта (CAD/CAM/PDM–2015). Тезисы 15-й международной конференции. – М.: ООО «Аналитик», 2015. – С. 39.

9. Арефинкина С.Е., Сурин В.И. Применение методики электрофизической диагностики ядерного топлива под облучением. Инновации в атомной энергетике: сб. тезисов докладов конференции молодых специалистов. – М.: Изд-во АО «НИКИЭТ», 2015.– 86 с.

10. Арефинкина С.Е., Гладцин А.М., Евстюхин Н.А., Сурин В.И. Принципы построения диагностической модели изделия для внутриреакторных испытаний // Научная сессия НИЯУ МИФИ-2015. Аннотации докладов. Том. 1. Фундаментальные исследования и физика частиц. Атомная энергетика и ядерные технологии. Ядерные системы и материалы. Физика неравновесных атомных систем и композитов. – М.: НИЯУ МИФИ, 2015. –296 с.

11. Арефинкина С.Е., Гладцин А.М., Рябиковская Е.В., Сурин В.И. Построение деформации и профиля поверхности ядерного топлива по результатам функциональной электрофизической диагностики // Сборник трудов XVI научной школы молодых ученых ИБРАЭ РАН, 23-24 апреля 2015– (Препринт/ Институт проблем безопасного развития атомной энергетики РАН, апрель 2015, № IBRAE-2015-01).– М.: ИБРАЭ РАН, 2015. –174 с.

UDC 621. 833.088; 620.179

METHOD FOR EVALUATION OF CONTACT MECHANICAL STRESS IN GEAR MECHANISM

Ayman Abu Ghazal, Denisov R.A., Lisenkov A.V., Surin V.I.
National Research Nuclear University «MEPhI», Moscow

Keywords: technical diagnostics of machines and mechanisms, scanning contact potentiometric method, contact stress.

Abstract. Scanning contact potentiometric method, developed in electrophysics laboratory (Elphys lab) at National Research Nuclear University «MEPhI». This method reveals the possibility of studying wear and destruction processes in metallic materials and products, in particular, at technical diagnostics for machine parts and mechanisms under operating conditions, and during their repair process. Method for evaluation of contact mechanical stress contacted in involute gear « Pinion - gear ». The highest pressure occurs in the area of the direct contact, where the gear teeth contact each other. In regimes with intensive braking for considered gear mechanism, may cause local mechanical stresses close to the yield point.

We have developed a device for technical diagnostics of tooth gears condition and determining contact mechanical stresses arising in involute gear (Fig.1). The principle of operation of the device shown in Fig.1 is as follows. The electrical motor RD-09 (denoted as 4 in Fig.1) rotates the Pinion 1. The moment of force, which acts on the shafts where the pinion and gear (2) mounted on, is created and regulated through brake (5). The control region includes the surface of the pinion and gear, which are in mesh. Graphite brushes (3) can remove the diagnostic signal. The material that the pinion and gear made of - steel 45 ($\sigma 0$, 2=350 µPa, σB=600 µPa).

Measuring system includes several types of distributed systems for collection, storage and processing of data, as a collection of various software and hardware components, and processes interact with one another to fulfill each requirement [1]. The modular architecture allows operatively scaling its functionality, determining the problems in mechanical equipments performance, and eliminating the reasons of their occurrence to have tight control over the entire system [2].

When developing the measuring system for experimental work, the following requirements taken into account:
- The interval of mechanical loads (stresses), acting on the involute gear and the corresponding interval of deformation;
- Assumed value of the diagnostic signal (electric potential difference) at a given value of load.
- The duration of the test;
- The accuracy of the registration parameters of the experiment in the temperature-power interval;
- Constant reaction (operational) time of elements of measuring system.

Sampling frequency of the measurement was 1 Hz; the relative error of measurement of the diagnostic signal is about 1%. During this experiment, the following temporal dependence obtained:

- Dependency of self-noise device, when engine power disabled before measuring process starts.
- Dependency the intrinsic noise of system, when engine power disabled after measuring process ends.
- Temporal dependence of the diagnostic signal, when one of the brushes is located on the Pinion, and the other brush on the gear.
- Temporal dependence of the diagnostic signal, when the two brushes are located on the gear.

The measurements were performed at different moments of force on the motor shaft.

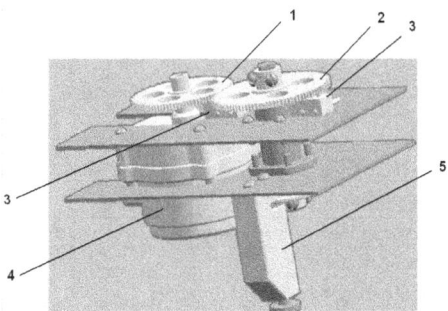

Fig.1 – Part of a device for determination of contact mechanical stress in gear mechanism: 1- Pinion; 2- gear; 3- graphite (measuring) brushes; 4- electrical motor RD-09; 5- braking device

The results presented in Fig.2, Fig.3.

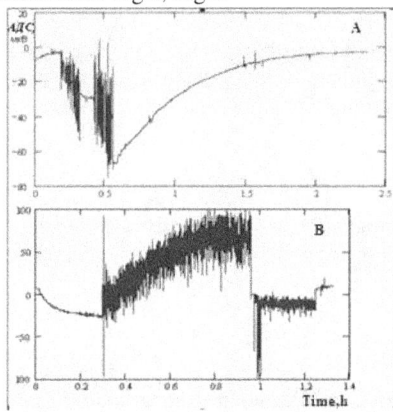

Fig. 2 – A – temporal dependence of the diagnostic signal amplitude at various test modes. :
A – intensive mode of engine braking gear reducer (the first 30 min.);
B – braking mode in which one of the brushes was on the Pinion and the other on the gear (0,3-1 hour; Modes of Measurement - with diverse signal conversion) and both brushes located on the gear.

185

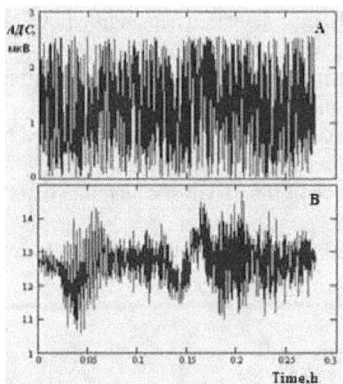

Fig. 3 Sample of the second set of measurements (fig .2 B), when both brushes were on the gear

Table 1 – The major parameter of the gear-pair

parameter	symbol	pinion	gear
Number of Teeth	z	77	116
thickness of the ring gear (mm)	b_w	3	3
Pitch Diameter(mm)	$d_{w1(2)}$	116	174
Module (mm)	m	1.5	
center distance (mm)	a_w	145	
Pressure angle (Deg.)	α	20°	

The methodology was used based on the application of the Hertz formula to evaluate the magnitude of the contact stress (structural parameter) on the spur gear [3]. The major parameter of the gear-pair are shown in Table 1.

The Hertz formula for contact stresses has the form:

$$\sigma_H = 0.418 \sqrt{\frac{q \cdot E_{пр}}{\rho_{пр}}},$$

where $E_{пр}$ and $\rho_{пр}$ – the modulus of elasticity and the radius of curvature:

$$E_{пр} = \frac{2E_1 E_2}{E_1 + E_2},$$

$$\frac{1}{\rho_{пр}} = \frac{2}{d_{w1}(\sin\alpha_w)}\left(\frac{u+1}{u}\right),$$

where α_w and u – angle profile and initial gear ratio.

To estimate the load, the maximum value of the distributed load along the contact line on the pitch has been taken into consideration:

$$q = \frac{F_n}{b_w},$$

where $F_n = 2T_1/(d_{w \cdot 1} cos\alpha_w)$ – normal force in involute gear, T_1 – torque that changed during the test.

While calculating the contact stresses, equivalent stresses of Mises was used on the surface

$$\sigma_H^{\text{ЭКВ}} = 0.4\sigma_H$$

And in depth contact

$$\sigma_{H\text{гл}}^{\text{ЭКВ}} = 0.56\sigma_H.$$

The maximum values of the contact stresses on the surface and in the depth of the contact was calculated by Hertz formula, and it has appeared that values are equal to 37 and 52 μPa respectively. Fig.2 shows that under conditions of intensive braking value, the diagnostic signal increased by dozens of times.

By using developing computational methods [4] [5], based on the analysis of the amplitude distribution of the diagnostic signal, results have been obtained by Hertz formula, the evaluation has been implemented out of contact stresses, arising in the involute gear. The results of calculation are given in table 2. The highest stresses occurs in the area of the direct contact, where teeth contact one another. In regimes with intensive braking for considered gear mechanism, may cause local mechanical stresses close to the yield point.

Table 2 – Calculated values of the contact stresses

mode	Stress (μPa)		
	Contact stress	Equivalent stress on the surface.	Equivalent stress in the depth
symbol	σ_K	$\sigma_K^{\text{ЭКВ}}$	$\sigma_{K\text{гл}}^{\text{ЭКВ}}$
Moderate braking	200	80	112
Intensive braking	400	160	224

In the calculations used the values of diagnostic signal obtained under conditions when one of the brushes was located on the pinion and the other on the gear.

The contact stresses have been calculated by the following formula: $\sigma_{ik} = -ne\Delta\varphi/\varepsilon_{ik}$[5], Electron density $n \sim 10^{28}$ м$^{-3}$, e – Electron charge, ε_{ik}– deformation tensor $\Delta\varphi$ – contact potential difference. In the calculations, the maximum value of relative deformation was considered 10^{-4}.

Consequently, know the changes of structural and diagnostic parameters over the time; it is possible to communicate between them and to determine the acceptable limits of change of the diagnostic parameter.

References

1. Morozov A. A., Surin V. I. Batukhtin E. A., Zorina T. N. Information provision of the electrophysical method of investigation the materials surface //Information technologies in designing and production M.: FGUP VIMI, 2011г., № 3, p. 59-65.

2. Belova V. S., Evstyukhin N. A. Morozov A. A., Surin V. I. Information-measuring system for in-core materials research// Information Technology, Design and Manufacturing.. M.: FGUP VIMI, 2010, №1, p.39-47.
3. Ivanov, M.N. Machine Elements. M.: Higher School Publishers, 2000.
4. Surin V. I., Evstyukhin N. A. the Electrophysical methods of Nondestructive testing and investigation of reactor materials. M., MEPHI. 2008.
5. Baranov V. M., Evstyukhina N. A., Surin V. I. The theory of electromotive force induced by deformation of metals and alloys.// scientific session of MEPHI. Collection of scientific works. M.: 2003. Vol. 9. P. 122-124.

МЕТОД ОЦЕНКИ КОНТАКТНЫХ МЕХАНИЧЕСКИХ НАПРЯЖЕНИЙ В ЗУБЧАТОМ МЕХАНИЗМЕ

Айман Абу Газал, Денисов Р.А., Лисенков А.В., Сурин В.И.

Ключевые слова: техническая диагностика машин и механизмов, метод сканирующей контактной потенциометрии, контактные напряжения.

Аннотация. Метод сканирующей контактной потенциометрии, разработанный в лаборатории ElphysLAB НИЯУ «МИФИ», открывает широкие возможности исследования процессов износа и разрушения в металлических материалах и изделиях in situ, в частности, при технической диагностике элементов машин и механизмов в условиях эксплуатации, а также при их ремонте. Проведена оценка контактных механических напряжений в зубчатом зацеплении «колесо-шестерня». Наибольшие контактные напряжения возникают в зоне непосредственного контакта зубьев – на площадке контакта. В режимах с интенсивным торможением для рассмотренного зубчатого механизма возможно возникновение локальных механических напряжений, близких к пределу текучести.

Список литературы

1. Морозов А.А., Сурин В.И., Батухтин Е.А., Зорина Т.Н. Информационное обеспечение электрофизического метода исследования поверхности материалов // Информационные технологии в проектировании и производстве. – 2011. – №3. С. 59-65.
2. Белова В.С., Евстюхин Н.А., Морозов А.А., Сурин В.И. Информационно-измерительная система для внутриреакторных исследований материалов // Информационные технологии в проектировании и производстве. – 2010. – №1. – С. 39-47.
3. Иванов М.Н. Детали машин. – М.: Высшая школа, 2000.
4. Сурин В.И., Евстюхин Н.А. Электрофизические методы неразрушающего контроля и исследования реакторных материалов. – М.: МИФИ. 2008.
5. Баранов В.М., Евстюхин Н.А., Сурин В.И. К теории эдс, наведенной деформацией металлов и сплавов // Научная сессия МИФИ. Сборник научных трудов. – М., 2003. – Т.9. – С. 122-124.

УДК:519.63, 621.039.537

ПЕРСПЕКТИВНЫЕ УГЛЕРОДНЫЕ МАТЕРИАЛЫ ДЛЯ ОТРАЖАТЕЛЕЙ ИССЛЕДОВАТЕЛЬСКИХ ЯДЕРНЫХ РЕАКТОРОВ

Аристова Е.Н.[1], Пономарев С.Г.[2], Стойнов М.И.[1]
*[1]Институт прикладной математики им. М.В.Келдыша РАН, Москва
Московский государственный машиностроительный университет (МАМИ), Москва*

Ключевые слова: отражатель ядерного реактора, численное моделирование, нейтронные потоки, углеродные материалы.

Аннотация. Приводятся результаты численного моделирование нейтронных потоков в активной зоне легководного исследовательского реактора, в котором в качестве материала отражателя используются бериллий и алмаз в различных комбинациях. Для различных типов отражателей вычислялись и сравнивались критические размеры реактора, потоки и спектр нейтронов. Полученные результаты показали, что применение новых углеродных материалов для реакторных отражателей может существенно увеличить эффективность действующих исследовательских установок.

Введение

В настоящее время в типовых и перспективных исследовательских реакторах на тепловых нейтронах используются бериллиевые отражатели. Бериллий существенно уступает алмазу по плотности ядерной упаковки. Это дает основание предположить, что использование алмазного отражателя вместо отражателя из бериллия может существенно увеличить эффективность реакторов (улучшить спектральные характеристики и увеличить нейтронные потоки). В последние годы крупномасштабное получение искусственных алмазов существенно снизило их стоимость, что делает весьма актуальным проведение работ по оценки возможности использования синтетических алмазов в реакторной технике.

В работе на основании численных расчетов нейтронных потоков в активной зоне и в отражателе реактора оценивается возможность и целесообразность использования синтетических алмазов различной плотности в отражателях легководных реакторов (на примере исследовательского реактора ИР-8). Проведены численные расчеты нейтронных потоков в активной зоне и в отражателе реактора с бериллиевым, алмазным и смешанным алмазно-бериллиевым отражателями. Для различных материалов отражателей (бериллиевый, алмазный и составной алмазно-бериллиевый) проведено сравнение критических размеров реактора, потоков и спектров нейтронов.

Математическая модель и исходные данные расчетов

В работе использовано упрощенная модель реактора. Рассматриваются эффекты, связанные с распространением нейтронов и их взаимодействием с материалами реактора; при этом учитываются реакции деления, рассеяния и распадов ((n,γ), (n,2n), (n,β)). Для расчетов используется модель многозонного осесимметричного, симметричного в вертикальном направлении цилиндрического реактора с гомогенизированными зонами. Таким образом, расчеты проводятся для модели гомогенного реактора цилиндрической формы, состоящего из трех зон, причем материалы, содержащиеся в каждой зоне, равномерно распределены по всему объему зоны.

Распределение потока нейтронов вычисляется путем численного интегрирования стационарного уравнения переноса в 26-групповом приближении с использованием системы нейтронных констант БНАБ-93 [1] (для алмазного отражателя используются нейтронные константы для углерода с плотностью, равной плотности монокристалла и алмазного порошка).

Для расчетов используется комплекс программ, основанный на разработанных в [2] алгоритмах интегрирования стационарного одномерного и двумерного уравнения переноса в цилиндрической (r-z) системе координат. Параметры активной зоны и концентрации нуклидов, содержащихся в реакторе, были рассчитаны в соответствии с [3-5] для исследовательского реактора ИР-8 с активной зоной из ТВС ИРТ-3М. Это легководный реактор, работающий на высокообогащенном топливе (90% ^{235}U) с бериллиевым отражателем.

Результаты расчетов

Для верификации используемой методики применительно к рассматриваемой задаче были рассчитаны величины потоков тепловых и быстрых нейтронов и критический размер (радиус) R_{cr}, реактора как без поглотителя (карбид бора), так и с различным количеством поглотителем для отражателя из бериллия [6]. Величина рассчитанного потока тепловых нейтронов уменьшается от центра активной зоны к периферии; вблизи границы отражателя поток начинает расти и достигает максимума внутри отражателя. Распределение потока быстрых нейтронов внутри реактора имеет монотонно убывающий характер с точкой излома на левой границе отражателя. Аналогичное поведение рассматриваемых величин наблюдалось в [7] (в двухгрупповом приближении). Кроме этого, были рассмотрены эффекты, возникающие при увеличении концентрации горючего в активной зоне (и уменьшении ее радиуса).

Была проведена серия расчетов нейтронных потоков для указанного выше реактора, в котором бериллиевый отражатель заменен на алмазный. На hисунке 1 показаны распределения отношения потоков тепловых и быстрых нейтронов, полученных в расчетах при использовании бериллиевого и алмазного отражателей. Наблюдается существенное изменение (примерно в 2.5 раза) в соотношении потоков быстрых и тепловых нейтронов внутри отражателя при замене материала отражателя с бериллия на алмаз. Кроме того при этой замене происходит уменьшение (на 20%) критического радиуса реактора R_{cr}.

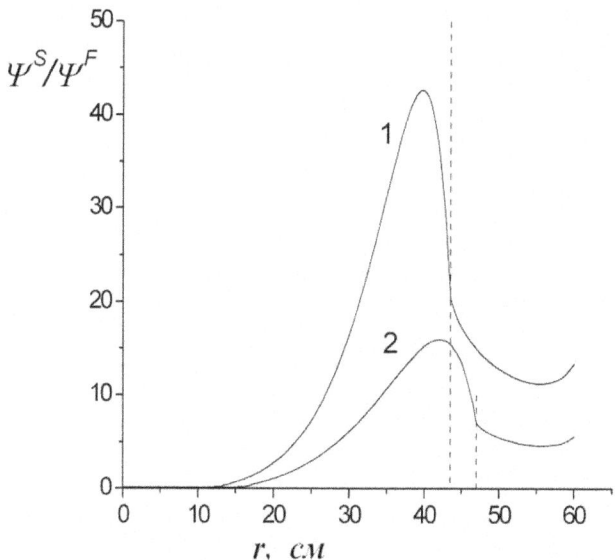

Рис.1 – Пространственная зависимость отношения скалярного потока тепловых нейтронов к скалярному потоку быстрых нейтронов Ψ^S / Ψ^F в реакторе с алмазным (кривая 1) и бериллиевым (кривая 2) отражателями

В реактор добавлен 1% поглотителя. Пунктиром отмечены положения правой границы отражателей.

Была проведена серия расчетов (с 1% поглотителя) для составных отражателей. Результаты расчетов представлены в таблице 1. Рассматривались конфигурации, где ближний к активной зоне слой - алмаз, а второй - бериллий. В этом случае критический размер R_{cr} практически (различие меньше 1%) совпадает со значением R_{cr} для расчета с алмазным отражателем. Если первым в отражателе расположен бериллий, то значение R_{cr} близко к R_{cr} для реактора с чисто бериллиевым отражателем. Величина отношения потока тепловых нейтронов к значению потока быстрых нейтронов на правой границе отражателя (последняя колонка таблице 1) для составных отражателей принимает значения между значениями этой величины для моноэлементных отражателей.

Таблица 1 – Результаты расчетов для различных составов отражателей

Конфигурация экрана (см /см)	R_{cr} см	(Ψ^S/Ψ^F)
Бериллий	17.0	7.1
Алмаз	13.5	20.3
Алмаз/Бериллий (15/15)	13.6	11.6
Бериллий/Алмаз (15/15)	16.6	13.2

Проведена также серия расчетов, демонстрирующая влияние изменение плотности вещества отражателя на характеристики реактора. Оказалось, что преимущества углеродного отражателя сохраняются и при уменьшении плотности (по сравнению с монокристаллом алмаза) материала на 25%.

Заключение

Проведенные расчеты показывают, что использование алмазных отражателей приводит к существенному изменению нейтронных потоков. Наблюдается значительное увеличение потока тепловых нейтронов в точках максимума потока и на внешней границе отражателей. Таким образом, результаты численного моделирования дают надежду, что применение новых углеродных материалов для реакторных отражателей может существенно увеличить эффективность действующих исследовательских установок.

Список литературы
1. Николаев М.Н., Цибуля А.М., Цикунов А.Г. и др. Комплекс программ CONSYST/ABBN – подготовка констант БНАБ к расчетам реакторов и защиты. // Отчет ГНЦ РФ ФЭИ, 1998, №9865.
2. Аристова Е.Н., Байдин Д.Ф., Гольдин В.Я. Два варианта экономичного метода решения уравнения переноса в r-z геометрии на основе перехода к переменным Владимирова // Математическое моделирование, 2006, Т.18, № 7, С.43-52.
3. Буслаев В.С., Дубовец Г.Г., Жигачев В.М., Караченский В.Ф., Ряховский Ю.С., Червяцов А.А., Шавров П.И., Яшин А.Ф. Опыт проведения монтажных работ при создании реактора ИР-8 в ИАЭ имени И.В.Курчатова // Труды Совещания Специалистов по Обмену Опытом Реконструкции Исследовательских Реакторов в Странах-членах СЭВ. М. ЦНИИАТОМИНФОРМ , 1984
4. Бать Г.А., Коченов А.С., Кабанов Л.П. Исследовательские ядерные реакторы. М. Энергоиздат, 1985.
5. Рязанцев Е.П., Насонов В.А., Егоренков П.М., Яковлев В.В., Яшин А.Ф., Кузнецов И.А., Рожков В.Н.. Экспериментальные возможности и перспективы использования реактора ИР-8 РНЦ "КИ" для фундаментальных и прикладных исследований. Препринт ИАЭ-6411/4, М.,2006.
6. Аристова Е.Н., Пестрякова Г.А., Пономарев С.Г., Стойнов М.И Численное моделирование нейтронных потоков в отражателе ядерного реактора при использовании новых углеродных материалов // Машиностроение и инженерное образование. 2014. №2. С.41-46.
7. Вейнберг А., Вигнер Е.Физическая теория ядерных реакторов. М. Иностранная литература, 1961. С. 218.

PROMISING CARBON MATERIALS FOR REFLECTORS OF NUCLEAR RESEARCH REACTORS

Aristova E.N., Ponomarev S.G., Stoynov M.I.

Keywords: reflector of nuclear reactor, numerical modeling, neutron flows, carbon materials.

Abstract. The results of the numerical modelling of neutron flows in the active zone of a light water research reactor, in which the material of the reflector used beryllium and diamond in various combinations. For different types of reflectors have been calculated and compared the critical dimensions of the reactor, flows and neutron spectrum. The results showed that the application of new carbon materials for reactor reflectors can significantly increase the efficiency of existing research facilities.

References

1. Nikolaev M.N., Cebulay A.M., Cikunov A.G. - and other. Complex programs CONSYST/ABBN - preparation of ABBN constants to the calculations of reactor and protection. Report SSC RF IPPE №9865, 1998.
2. Aristova E.N., Baydin D.F., Gol'din V.Ya. Two variants of economical method for solving of the transport equation in r-z geometry on the basis of transition to Vladimirov's variables.// Matematicheskoe Modelirovanie. 2006, Vol.18, No7, P.43-52.
3. Buslaev V.S., Dubovets G.G., Gigachev V.M., Karachenskiy V.F., Ryakhovsky U.S., Chervyacov A.A., Shavrov P.I., Yashin A.F. Experience in installation works for reactor IR-8 in Kurchatov's IAE creation. Proceedings of the Meeting of Experts for the Exchange of Experience Reconstruction of Research Reactors in COMECON Countries. M. CNIIATOMINFORM , 1984
4. Bat G.A., Kochenov A.S., Kabanov L.P. Research nuclear reactors, Moscow, Energoizdat , 1985.
5. Ryazantsev E.P., Nasonov V. A., Yegorenkov P.M, Yakovlev V.V., Yashin A.F., Kuznetsov I.A., Rozhkov V.N.. Experimental possibilities and perspectives of using reactor IR-8 RRC "KI" for fundamental and applied research. Preprint IAE-6411/4, M, 2006.
6. Aristova E.N, Pestryakova G. A., Ponomarev S.G, Stoynov M.I. Numerical modelling of neutron fluxes in the reflector of a nuclear reactor using new carbon materials // Mechanical Industry and Engineering Education. 2014. № 2. P.41-46.
7. Veinberg A. , Vigner E. . PhysicalTheory of Nuclear Reactors, Moscow, Foreign literature 1961, P,218.

УДК 621.7

ПРИМЕНЕНИЕ УЛЬТРАЗВУКА ДЛЯ ПОВЫШЕНИЯ НАДЕЖНОСТИ ДЕТАЛЕЙ МАШИН И ИНСТРУМЕНТОВ

Папшева Н.Д.

Самарский государственный технический университет, Самара

Ключевые слова: ультразвук, эксплуатационные характеристики, поверхностный слой, долговечность, остаточные напряжения.

Аннотация. Приведены результаты исследования влияния ультразвуковых колебаний на основные показатели качества поверхностного слоя и эксплуатационные характеристики деталей машин и инструментов. Рассмотрены особенности ультразвукового вибрационного накатывания.

Перспективным направлением повышения эксплуатационных характеристик деталей машин и инструментов, которые определяют его надежность и долговечность и зависят от состояния поверхностного слоя, является применение ультразвуковых колебаний при механической обработке [1]. Исследованиями установлено, что ультразвуковые колебания оказывают существенное влияние на физико-механические характеристики поверхностного слоя. В частности, возможность получения при ультразвуковой механической обработке благоприятных остаточных напряжений можно рассматривать как один из резервов повышения эксплуатационных характеристик, в том числе усталостной прочности.

Изменение кинематики контактного взаимодействия при введении ультразвуковых колебаний в зону обработки оказывает существенное влияние на термодинамические и трибологические особенности процессов: снижаются силы и температура, крутящий момент, силы трения на контактных поверхностях

Указанные особенности ультразвуковых колебаний обусловили новое направление поверхностного пластического деформирования ультразвуковое упрочнение (УЗУ), которое, формируя функциональные показатели качества поверхностного слоя, повышает надежность и долговечность изделий.

Введение в зону обработки ультразвуковых колебаний способствует снижению сопротивления пластическому деформированию и сил трения на поверхности контакта, что в конечном итоге приводит к значительному снижению статических усилий деформирования.

Эффективность процесса при прочих равных условиях существенно зависит от физико-химических, свойств обрабатываемого материала. Изучено влияние УЗУ на поверхностную твердость, остаточные напряжения и деформационное упрочнение быстрорежущих сталей в зависимости от основных параметров процесса. Установлено, что поверхностная твердость и микротвердость возрастают с увеличением статического усилия $P_{ст}$ и достигают максимального значения при

$P_{ст}$=150-200 Н. Дальнейшее увеличение статического усилия приводит к некоторому снижению поверхностной твердости, что связано с влиянием перенаклепа. Зависимость твердости от скорости, амплитуды колебаний и подачи также носит экстремальный характер, что связано с возникновением термопластической деформации вследствие воздействия высоких температур в зоне контакта, уменьшения числа циклов ударного воздействия, приходящихся на единицу поверхности, уменьшения кратности приложения нагрузки.

Исследования показали, что при ультразвуковом упрочнении быстрорежущих сталей образуется мелкодисперсная структура с высокой плотностью дислокаций и развитием микроискажений кристаллической решетки. В упрочненном слое выделяются мелкодисперсные карбиды и происходит переход остаточного аустенита в «мартенсит деформации», отличающийся более высокой твердостью и износостойкостью, чем «мартенсит закалки.

Возникающие при УЗУ благоприятные сжимающие остаточные напряжения с ростом усилия упрочнения $P_{ст}$ увеличиваются при одновременном возрастании глубины их залегания (рис.1). Дальнейшее увеличение статического усилия ведет к некоторому снижению величины остаточных напряжений.

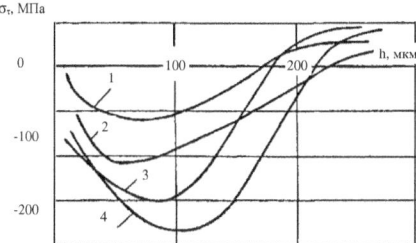

Рис. 1 – Влияние УЗУ на формирование остаточных напряжений:
1 – $P_{ст}$=50 Н; 2 – $P_{ст}$=100 Н; 3 – $P_{ст}$=150 Н; 4 – $P_{ст}$=250 Н

На основании анализа напряженно-деформированного состояния поверхностного слоя в условиях ультразвукового взаимодействия разработаны новые комбинированные методы поверхностного пластического деформирования – электромеханическое ультразвуковое упрочнение и вибрационное ультразвуковое накатывание. Применение ультразвука значительно расширяет технологические возможности указанных методов.

Сущность процесса ультразвукового вибрационного накатывания заключается в том, что инструмент (шарик) совершает низкочастотные колебания вдоль оси детали и ультразвуковые колебания в направлении, нормальном к обрабатываемой поверхности. Изменяя соотношение скоростей движения заготовки и инструмента, подачи можно получить на обрабатываемой части детали большое количество разнообразных микрорельефов, которые образуют систему смазочных микроканавок, что повышает маслоемкость и способствует равномерному распределению смазки на поверхность трения. Результаты исследований материалов 30ХГСН2А, ВТ8 показывают, что при наложении ультразвуковых колебаний сила P_z уменьшается пропорционально амплитуде колебаний ξ и при ξ =8 мкм становится в два раза меньше, чем при обычном вибронакатывании. В зависимости от интенсивности колебаний возможны различные структурные изменения, что влияет на механические свойства материала. В отличие от тепловой энергии, поглощаемой равномерно на всем объеме кристалла, затухание ультразвуковых волн происходит у дефектов решетки кристаллического строения, в частности, на дислокациях, что значительно увеличивает энергию дислокаций, активизирует их источники.

Исследованиями установлено, что ультразвуковое упрочнение повышает стойкость инструментов в 1.5-1.8 раза, а ресурс работы и надежность подшипников в 1.8-2.9 раз. При трении качения со скольжением формируются параметры шероховатости, характеризуемые наибольшим критерием упругопластического перехода. Это, в сочетании с физико-механическими свойствами поверхностного слоя, снижает интенсивность износа по сравнению с шлифованными деталями почти в 4 раза.

Список литературы

1. Вологин М.Ф., Калашников В.В., Нерубай М.С., Штриков Б.Л. Применение ультразвука и взрыва при обработке и сборке. М.: Машиностроение, 2002. 264 с.

APPLICATION OF ULTRASOUND FOR INCREASE OF RELIABILITY OF DETAILS OF MACHINES AND TOOLS
Papsheva N.D.

Keywords: ultrasound, operational characteristics, blanket, durability, residual tension.
Abstract. Results of research of influence of ultrasonic fluctuations on the main indicators of quality of a blanket and operational characteristics of details of cars and tools are given. Features of an ultrasonic vibrational driving are considered.

References

1. Vologin M.F., Kalashnikov V.V., Nerubay M.S., Shtrikov B.L. Application of ultrasound and explosion during the processing and assembly. M.: Mechanical engineering, 2002. 264 p.

УДК 629.464.22

УПРАВЛЕНИЕ РАБОЧИМИ ОРГАНАМИ ПЛУЖНОГО СНЕГООЧИСТИТЕЛЯ С ИСПОЛЬЗОВАНИЕМ РАДИОЛОКАЦИОННО-ДОПЛЕРОВСКОГО КАНАЛА ОБЗОРА ПРИЛЕГАЮЩЕГО ПРОСТРАНСТВА

Гурулёва М.А.

Иркутский государственный университет путей сообщения, Иркутск

Ключевые слова: плужный снегоочиститель, технологическое препятствие, рабочий орган, управление, радиолокация, дальномерно-доплеровская обработка сигнала.

Аннотация. В статье выполнено исследование возможностей применения для автоматизации процесса управления рабочими органами плужного снегоочистителя радиолокационного метода дальномерно-доплеровской обработки сигналов. Предложена классификация технологических препятствий нормальному функционированию снегоуборочной техники. Рассмотрены особенности радиолокационного зондирования верхнего строения железнодорожного пути. Предложены алгоритм управления плужным отвалом по результатам радиолокационных измерений и структура автоматической системы управления рабочими органами снегоочистителя при наличии технологического препятствия для движения. Сделаны выводы о целесообразности использования радиолокационно-доплеровского канала обзора прилегающего пространства.

Введение. Снежные зимы с глубокими заносами – это одна из климатических особенностей Российской Федерации. В связи с этим актуальна быстрая и безопасная расчистка железнодорожных путей от снега.

Механизированная очистка железнодорожных путей от снега на станциях и на перегонах производится, как правило, снегоуборочной техникой[1] [1]. Но применение последней ограничивается технологическими препятствиями, которые ограждаются временными сигнальными знаками [2]. Между тем, как показывает опыт расчистки железнодорожных путей снегоуборочной техникой, нередки случаи повреждений элементов железнодорожной инфраструктуры [3]. Причинами таких инцидентов могут быть: влияние человеческого фактора [4,5]; несвоевременная установка временных сигнальных знаков; закрытие ограждающих временных знаков снежными заносами; случайное или преднамеренное удаление временных знаков; плохая видимость.

Решением этой проблемы может быть создание автоматической системы управления технологическими органами снегоочистительной техники, которая исключает проход мест расположения технологических препятствий с рабочим[2] положением рабочих органов. Поскольку последние для различных типов снегоуборочной техники принципиально отличаются, рассматривать возможность их автоматического управления в целом не представляется возможным. Ограничимся вопросом

---

[1] Снегоочистители (плужные, роторные), снегоуборочные машины, путевые струги.

[2] Положение, при котором опущен лобовой щит, раскрыты боковые крылья. Обратное положение (поднят лобовой щит, закрыты боковые крылья) называется транспортным.

автоматизации работы плужного снегоочистителя [1]. Рабочие органы такового представляют собой плужные отвалы, состоящие из лобового щита (ЛЩ) и боковых крыльев (БК), которые приводятся в рабочее и транспортное положение пневматическими цилиндрами двустороннего действия с помощью кранов управления золотникового типа.

Существующие механизмы управления рабочими органами плужных снегоочистителей имеют либо ручной тип управления, что не исключает повреждение технологического препятствия по вышеуказанным причинам, либо механический (подъемная сила возникает при упирании ножа плужного отвала в препятствие), что для конструкций некоторых из препятствий не является допустимым.

Таким образом, поиск иных способов управление рабочими органами снегоочистителей, автоматизация этого процесса, остаются актуальными. Альтернативным направлением может служить применение радиолокации.

Цель статьи: исследование возможностей применения радиолокационного метода для автоматизации управления рабочими органами плужного снегоочистителя и его технической реализации в условиях функционирования железнодорожного транспорта.

1. Анализ технологических препятствий нормальному функционированию органов снегоуборочной техники

Условно технологические препятствия по отношению к подвижной железнодорожной единице снегоуборочной техники можно разделить на три группы (рис. 1).

Рис. 1 – Классификация технологических препятствий

Лобовые препятствия – это препятствия, которые могут быть разрушены при рабочем положении лобового щита снегоочистителя;

Боковые препятствия – препятствия, которые могут быть разрушены при рабочем положении боковых крыльев снегоочистителя;

Смешанные препятствия – препятствия, которые могут быть разрушены при рабочем положении любого из органов (лобовых щитов и боковых крыльев) снегоуборочной единицы.

Каждое из технологических препятствий является ответственным элементом в системе обеспечения безопасности движения железнодорожного транспорта, их повреждение недопустимо.

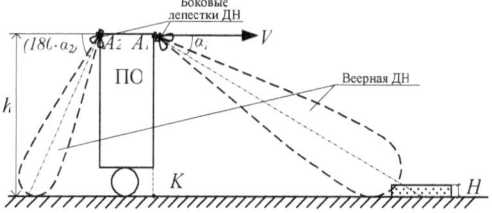

Рис. 2 – Геометрия размещения структурных элементов системы

2. Принцип функционирования системы управления рабочими органами плужного снегоочистителя

Поверхность верхнего строения железнодорожного пути в ходе движения снегоочистителя непрерывно облучается двумя антеннами, имеющими веерную диаграмму направленности (сжатую в вертикальной плоскости): с «головы» и «хвоста» снегоочистителя (рис.2). Головная антенна – 1, необходима для перевода рабочих органов снегоочистителя в транспортное положение на заданном расстоянии до препятствия, хвостовая – 2, – для перевода обратно в рабочее положение после проследования препятствия.

Принимаемые приемопередатчиками 1 и 2 отраженные от основания сигналы поступают на блоки дальномерно-доплеровской обработки сигналов - 1 и 2 соответственно (рис.3), в которых производится многоканальное стробирование по дальности, а также многоканальная узкополосная фильтрация.

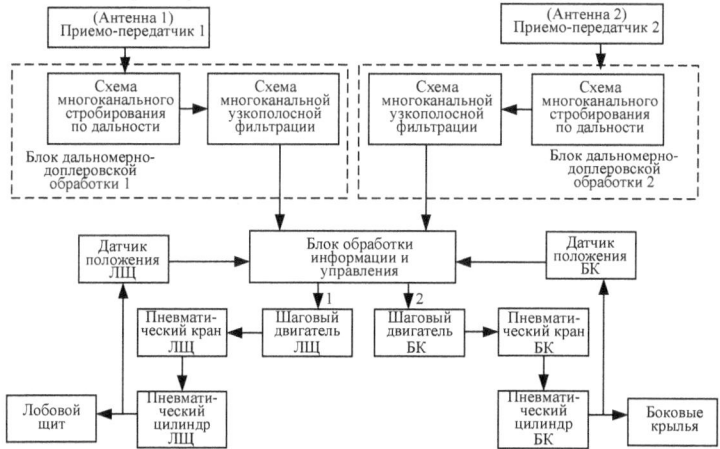

Рис. 3 – Структурная схема автоматического управления рабочими органами снегоочистителя

199

1) Многоканальное стробирование по дальности.

Стробированием временно́го диапазона от $t_{\text{мин}}$ до $t_{\text{макс}}$, что соответствует диапазону измерения дальности от $D_{\text{мин}}$ до $D_{\text{макс}}$, стробами длительностью $\Delta\tau_k(t)$ пространство вокруг точки A (рис.4) разбивается на слои неопределенности - сферические кольца, с помощью которых определяется положение точки A_k.

Длительность k-го строб-импульса – функция измеряемой координаты D_k:

$$\Delta\tau_k(t)= 2\Delta D_k(D_k)/C_k,\ k=1,2,\dots n, \tag{1}$$

где C_k – скорость распространения электромагнитных колебаний вдоль луча AA_k.

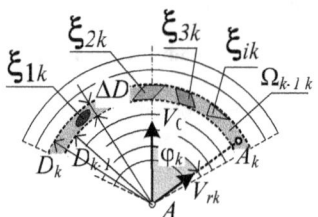

Рис. 4 – К вопросу пояснения даль-номерной обработки сигнала в границах основного лепестка ДН

Структурная реализация схемы многоканального стробирования и схема формирования стробов дальности представлены на рисунках 5, 6.

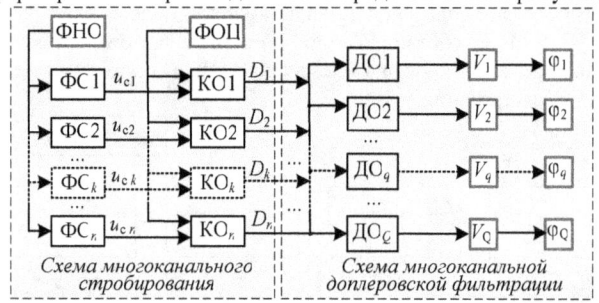

Рис. 5 – Структура дальномерного-доплеровской обработки отраженного сигнала: ФНО – формирователь начала отсчета; ФС – формирователь стробов; ФОЦ – формирователь отметки цели; КО – корреляционный обнаружитель; ДО – доплеровский обнаружитель

Признак попадания отражающей точки A_k в k-е сферическое кольцо, т.е. в область $\Omega_{(k-1),k}$ (рис.4) проверяется в корреляционных обнаружителях выполнением условия

$$U_{\text{и.}k}>U_{\text{пор.}k}\,, \tag{2}$$

где $U_{\text{пор.}k}$ – априори заданный порог обнаружения,

$$U_{\text{и.}k} = \int\limits_{\Delta t_k} u_{\text{с.}k}(t)u_{\text{оц.}k}(t)dt\,,\ t\in[t_{k-1},t_k]. \tag{3}$$

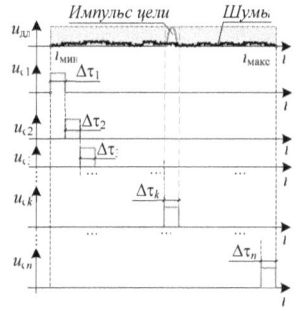
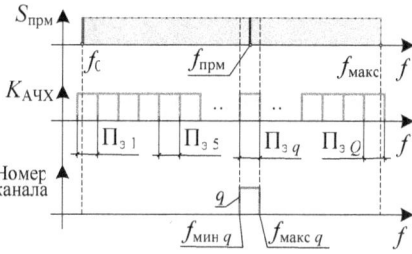

Рис. 6 – Формирование
стробов дальности и
дальномерное обнаружение
цели

Рис. 7 – Доплеровская обработка
сигналов

2) *Многоканальная узкополосная фильтрация.*

Благодаря взаимному движению точек A_k и A, принятый отраженный сигнал наблюдается с доплеровским сдвигом (рис. 7). Так, в случае встречного движения точек A и A_k (головная антенна):

$$f_0 + F_{\text{д.макс}.k} \geq f_{\text{прм}.k} \geq f_0 . \qquad (4)$$

Вычисление доплеровского сдвига в пределах интервала (4), с использованием Q_k частотных фильтров с прямоугольной амплитудно-частотной характеристикой и эффективной полосой пропускания $\Pi_{\text{э}.kq}$ показано на рис.7.

$$\sum_{q_k =1}^{Q_k} \Pi_{\text{э}.kq} = F_{\text{д.макс}.k} + \Delta F_{\text{зап}.k} , \qquad (5)$$

где $\Delta F_{\text{зап}.k} = (0{,}03 \div 0{,}05)F_{\text{д.макс}.k}$ – запас на перекрытие полос $\Pi_{\text{э}.kq}$.

Взаимосвязь угловой ошибки пеленгации $\Delta\varphi_k$ с полосой пропускания фильтра $\Pi_{\text{э}.kq}$ и угловым положением φ_k точки A_k:

$$\Pi_{\text{э}.kq} = f_{\text{макс}.kq} - f_{\text{мин}.kq} = \{ f_0 + [2V_0 \cos(\varphi_k + \Delta\varphi_k)] / \lambda_0 \} -$$
$$- \{ f_0 + [2V_0 \cos(\varphi_k - \Delta\varphi_k)] / \lambda_0 \} = 2F_{\text{макс}} \cdot \sin\varphi_k \cdot \sin\Delta\varphi_k . \qquad (6)$$

Учитывая, что допустимая ошибка устанавливается директивно $\Delta\varphi_k \leq \Delta\varphi_{\text{зад}} < 0{,}1$ рад, выражение (6) упрощается:

$$\Pi_{\text{э.зад}.k} \approx 2F_{\text{макс}} \Delta\varphi_{\text{зад}} \cdot \sin\varphi_k . \qquad (7)$$

Из (7) возможно определение угловой координаты цели по результату измерения доплеровского смещения частоты:

$$\sin\varphi_k = \arcsin(\Pi_{\text{э}.k} / (2F_{\text{макс}} \cdot \Delta\varphi_{\text{зад}}), \qquad (8)$$

где $\Pi_{\text{э}.k}$ – эффективная полоса пропускания k–го канала доплеровского приемника, на выходе обнаружителя которого наблюдается максимальный уровень сигнала.

Далее сигналы с блоков дальномерно-доплеровской обработки подаются на блок обработки информации и управления на базе ЭВМ, который осуществляет:

а) формирование матрицы А размерностью $n \times Q$, где n - число стробов дальности в зоне обзора, Q - число фильтров, в виде совокупности нулей и единиц на множестве элементов разрешения по дальности (k-е строки) и пространственному углу (q-е столбцы). Если амплитуда сигнала элемента под номером kq матрицы превышает порог обнаружения, на месте элемента формируется «1», в противном случае – «0».

Геометрически элемент под номером kq образуется пересечением конической поверхности диаграммы направленности антенны сферическими поверхностями уровня дальности и коническими поверхностями уровня доплеровского угла:

$$(\boldsymbol{\Omega\Phi})_k = \boldsymbol{\Phi}_{k\pm\Delta} \bigcap \boldsymbol{\Omega}_{(k-1),k} = (\boldsymbol{\Omega}_k \setminus \boldsymbol{\Omega}_{(k-1)}) \bigcap (\boldsymbol{\Phi}_{k+\Delta} \setminus \boldsymbol{\Phi}_{k-\Delta}), \qquad (9)$$

где $\boldsymbol{\Omega}_{(k-1)}$ и $\boldsymbol{\Omega}_k$, – сферические области с радиусами границ слоев неопределенности соответственно D_{k-1} и D_k; $\boldsymbol{\Phi}_{k+\Delta}$ и $\boldsymbol{\Phi}_{k-\Delta}$ – соответственно части пространства ограниченные односторонними коническими поверхностями с общей вершиной в т. A и углами при вершине соответственно $(\varphi_k +\Delta\varphi_{\text{зад}})$ и $(\varphi_k - \Delta\varphi_{\text{зад}})$.

б) определение положения рабочих органов – по сигналам датчиков положения ЛЩ и БК.

в) формирование необходимых комбинаций уровней сигналов для управления шаговым биполярным электродвигателем ЛЩ и/или БК на соответствующем выходе: на выходе 1 – при обнаружении препятствия внутри колеи пути без учета единичных элементов матрицы $A(k, q)$, соответствующих сигналу, отраженному от рельса; на выходе 2 – при обнаружении препятствия за пределами колеи пути; на обоих выходах – при обнаружении смешанного препятствия. В зависимости от комбинаций уровней сигналов производится управление работой пневматического цилиндра ЛЩ и/или БК и последние переводятся в рабочее или транспортное положение.

3. Отражающие свойства поверхностей

Работа снегоочистителя производится при наличии снежного покрова на верхнем строении пути. Комплексная диэлектрическая проницаемость снега $\dot{\varepsilon}=\varepsilon\text{-j}60\lambda\gamma_{\text{з}}$, где $\varepsilon=1,2$ – действительная часть диэлектрической проницаемости, $\gamma_{\text{з}}=2\cdot10^{-4}$ См/м – удельная проводимость снега [6], показывает, что снег хорошо проницаем для электромагнитных волн с длиной волны $\lambda=1,25...9$ см. Последнее обуславливает использование радиосигналов СВЧ диапазона.

Отражающая способность материалов верхнего строения пути и объектов инфраструктуры вносит существенное влияние в совокупность отраженных сигналов, попадающих на вход приемной антенны. СВЧ электромагнитные колебания (ЭМК) отражаются от разнородных по свойствам материалов поверхностей рельсов, стрелочных переводов, балластного слоя (щебеночного или гравийного), шпал (деревянных или железобетонных) и технологических препятствий (рис.8). В качестве последнего на рисунке 8 показан датчик устройства контроля схода подвижного состава (УКСПС).

Рис. 8 – Характер отражения СВЧ излучения от элементов железной дороги при угле падения φ: 1 – область диффузного отражения; 2 – точки зеркального отражения φ≠π/2; 3 – места уголкового отражения; 4 – точки зеркального отражения φ=π/2

В табл. 1 приведены ориентировочные значения ЭПО облучаемых объектов [7].

Таблица 1 – Ориентировочные значения ЭПО объектов на облучаемом в пределах основного лепестка ДН участке железнодорожного пути

№ пп	Объект	ЭПО, м^2
1.	Травяной покров[3]	0,1÷1,0
2.	Кустарник	10,0÷20,0
3.	Железнодорожный путь с элементами инфраструктуры[4]	300,0 ÷ 500,0
4.	Железнодорожный мост	> 10 000

Спектр принимаемого сигнала отличается от монохроматичного, излучаемого передатчиком, и содержит совокупность, в общем случае перекрывающихся диффузных, зеркальных и уголковых составляющих и подробно рассмотрен в [8].

4. Временные и энергетические особенности

Суммарное время, затраченное на перевод рабочего органа снегоочистителя с момента начала излучения радиосигнала до момента окончания фактического перевода:

$$t_\Sigma = t_р + t_{пер} = (t_ф + t_{изл} + t_{отр} + t_{прм} + t_{обр} + t_{ф.упр.сигн.}) + t_{пер}, \qquad (10)$$

где $t_р$ – время, необходимое на работу радиолокационной системы, включает в себя: $t_ф$ – время формирования радиосигнала, $t_{изл}$ – время излучения, $t_{отр}$ – время, затраченное на переотражение сигнала от радиолокационного объекта, $t_{прм}$ – время приема отраженного сигнала, $t_{обр}$ – время обработки отраженного сигнала, $t_{ф.упр.сигн}$ – время формирования управляющего сигнала на двигатель рабочего органа; $t_{пер}$ – время фактического перевода рабочего органа.

Поскольку величина $t_{пер}$ достигает значения больше 10 с [1], в то время как время $t_р$ для современных радиолокационных систем с учетом малости расстояния между антенной и элементом облучаемой поверхности ($S(\alpha)$ - не более 30 м) составляет не более 0,1 с [7], то $t_р \ll t_{пер}$.

---

3 Удельная ЭПО 1 м^2 земной поверхности, покрытой травой, при падении ЭМК под углами от 60^0 до 85^0.

4 Удельная ЭПО на один метр длины пути.

Следовательно, использование радиолокационно-доплеровского канала обзора пространства практически не влияет на быстродействие перемещения рабочих органов.

Значения, принимаемые величиной $S(\alpha)$ определяют и мощность сигнала, излучаемого передатчиком $P_{\text{изл}}$:

$$p_{\text{вх}} = \frac{\lambda_0^2}{(4\pi)^3} \frac{G^2(\alpha)\sigma(\alpha)}{S^4(\alpha)} P_{\text{изл}} \geq P_{\text{пор}}, \qquad (11)$$

где $p_{\text{вх}}$ – мощность радиолокационного сигнала, принимаемого совмещенной антенной; $G(\alpha)$ – зависимость коэффициента направленного действия антенны от угла α между осью антенны и контролируемым направлением; $\sigma(\alpha)$[5] и $S(\alpha)$ – соответственно ЭПО и расстояние между отражающим элементом и антенной как функции угла α; $P_{\text{пор}}$ – значение чувствительности радиоприемного устройства по пороговому критерию.

Выражение (11) показывает возможность использования маломощных излучаемых сигналов, не оказывающих влияние на окружающую среду.

Выводы. Система автоматического управления рабочими органами плужного снегоочистителя с использованием радиолокационно-доплеровского канала обзора прилегающего пространства позволяет:
- осуществить перевод плужного отвала без значительного увеличения временных параметров;
- исключить возможность повреждения рабочих органов снегоочистителя и конструкций технологических препятствий по причине их механического контакта;
- уменьшить трудо- и время- затраты обслуживающего персонала на установку/демонтаж временных сигнальных знаков;
- обеспечить непрерывность и безопасность процесса снегоуборки.

Использование дальномерно-доплеровской обработки радиолокационных сигналов, для реализации которой целесообразно применять корреляционную или согласованную фильтрацию, позволяет получить отметку элементов цели в координатах: дальность, пространственный угол. Чем меньше длительность строба дальномерной обработки и у́же полоса доплеровской обработки, тем большая потенциально достижимая точность определения координат отражающих точек, следовательно, тем эффективнее обнаружение разно размерных технологических препятствий.

Список литературы
1. Путевые машины. Под ред. М.В. Поповича. - М. : ГОУ, 2009. - 820 с.
2. Правила технической эксплуатации железных дорог Российской Федерации: утверждены Минтрансом России 21.12.2010 г. / М-во трансп. РФ. - Изд. офиц. - М.: Трансинфо, 2011. - 255 с.

---

[5] В формуле (11) ЭПО σ выведена как функция угла наблюдения объекта α, что отражает однозначное распределение РЛО в пределах области радиолокационных наблюдений вокруг точки A.

3. Бумагин В. Эффективен ли УКСПС? / В. Бумагин // Октябрьская магистраль: газета. — 2003. — № 88 (13515)
4. Марюхненко В.С., Трускова Т.В. Физико-биологические основы визуального восприятия человеком внешних объектов // Вопросы естествознания. – 2014. – №3(4) – С. 39-46.
5. Марюхненко В.С. Информационное обеспечение подвижных транспортных средств на основе интегрированных навигационных систем. Монография / Марюхненко В.С., Мухопад Ю.Ф., Демьянов В.В., Миронов Б.М. / под. ред. В.С. Марюхненко. – Новосибирск: Наука, 2014. – 256 с.
6. Красюк Н.П., Коблов В.Л., Красюк В.Н. Влияние тропосферы и подстилающей поверхности на работу РЛС. - М.: Радио и связь, 1988. - 216с.
7. Данилов В.С. Микроэлектроника СВЧ : учеб. Пособие. – Новосибирск: Изд-во НГТУ, 2007. – 292 с.
8. Марюхненко В.С. , Гурулёва М.А. Особенности применения радиолокационных измерителей скорости подвижных объектов железнодорожного транспорта // Вестник ИрГТУ. – 2016. – №1(108). – С. 129-142.

CONTROL OF DRAW-OFF SNOWPLOW OPERATING ELEMENTS WITH MAPPING RADAR-DOPPLER CHANNEL USE
Guruleva M.A.

Keywords: draw-off snowplow, technological barrier, operating element, control, radar, ranging-Doppler signal processing

Abstract. In the article used to study possible applications for automatization of the process of draw-off snowplow operating elements control radar ranging-Doppler method. Classification of technological barriers to normal operation of snow removal machines. The features of a radar sensing of the track bed structure. An algorithm of plow control according to the results of radar measurements and the structure of the automatic system of draw-off snowplow operating elements control. The conclusions about practicability of mapping radar-Doppler channel use.

References
1. Putevye mashiny. Moscow: GOU, 2009. 820 p. (rus)
2. Pravila tehnicheskoj jekspluatacii zheleznyh dorog Rossijskoj Federacii. Moscow: Transinfo, 2011. 255 p. (rus)
3. Bumagin V. In: Oktjabr'skaja magistral', 2003. №88
4. Marjuhnenko V.S., Truskova T.V. In: Voprosy estestvoznanija. Irkutsk: IrGUPS, 2014. Pp. 39-46. (rus)
5. Maryukhnenko V.S., Mukhopad Yu.F., Dem'yanov V.V., Mironov B.M.. Informatsionnoe obespechenie podvizhnykh transportnykh sredstv na osnove integrirovannykh navigatsionnykh system. Novosibirsk: Nauka, 2014. 256 p. (rus)
6. Krasjuk N.P., Koblov V.L., Krasjuk V.N. Vlijanie troposfery i podstilajushhej poverhnosti na rabotu RLS. Moscow: Radio i svjaz', 1988. 216 p. (rus)
7. Danilov, V.S. Mikrojelektronika SVCh. Novosibirsk: NGTU, 2007. 292 p. (rus)
8. Marjuhnenko V.S., Guruljova M.A. In: Vestnik IrGTU. Irkutsk: FG BOU VO IRNITU. 2016. №1. Pp. 129-142 (rus).

СОДЕРЖАНИЕ

Современная методология проектирования машин и механизмов

Динамика и прочность машин, приборов и аппаратуры

Механика деформируемого твердого тела

Scientific periodical issue

Modern problems
of theory of machines

Issue 4(1)

Typesetting and correction: Zhukov I.A.

Publication Date 01.03.16г.

Title ID №6105275.

North Charleston, USA: CreateSpace, 2016

Научное периодическое издание

Современные проблемы теории машин

№4(1)

Верстка и корректировка: Жуков И.А.

Подписано в печать 01.03.16г.

Заказ №6105275.

Норт-Чарлстон, США: CreateSpace, 2016